U0257128

上海里弄住宅
百年演进

田汉雄　余松杰　何品伟　编著

学林出版社

上海的里弄是上海最迷人的部分。

——前联合国教科文组织派驻
中国专员阿普罗蒂·拉奎尔

前　言

　　拉奎尔教授说："上海的里弄是上海最迷人的部分"，为何如此赞誉，值得探讨。本书名为《上海里弄住宅百年演进》，是描述上海里弄住宅状况的。所谓百年，是指1843年从上海开埠至1949年。据上海有关方面统计，1950年上海市区（即原上海特别市）登记土地面积为12.9万亩，约等于86平方千米，大约与今天内环线内面积相仿，共有各类房屋约4679万平方米，其中住宅约2359.4万平方米，先后有里弄9000多条。这些里弄房屋不论在总体规划、房屋设计，还是在房屋建设、出租使用上，有许多与原来在上海县城内的房屋，甚至是当年其他各地的居住房屋，都具有完全不同的规划与式样。本书归纳、整理了上海里弄住房及其特征，也作为海派文化的一个侧影，以供参考。

　　上海开埠前，全国各地城市包括上海县城，大多以高厚城墙包围整个城市，城墙外甚至还有护城河，可以视作对人口、政权的保卫。城内大小街巷纵横，大多是一家一户一层的住房，也有少数人家尤其是大户人家，采用围合式建筑，四合院、绞圈子房可以看作是对家庭、财产的保卫和封闭。这种城市规划布局和家庭住房建筑是封建社会诸多认知在城市建设、住房建设上的一种体现。

　　上海租界却反其道而行之，采用开放式城市规划建设方案。上海租界早期即使遇到类似太平天国运动、小刀会起义等，也不建设防御性建筑，而是采用部署军队或类似当时国内各地的民团——"万国商团"来保卫租界。清末的上海及周边战争证明，城墙已经无法保卫政权和居民的安全了。而小刀会发端于城内，这两次战争说明城墙、护城河并不是战争输赢的要件。辛亥革命后，上海政府、地方绅士就拆除了城墙、护城河，并在城墙基础上建成了环老城道路——中华路、民国路，也可算是全国第一条环城道路。

租界内部（本书大多采用英租界、公共租界案例来叙述，主要是英租界、公共租界的大部分档案已公开发表，而法租界大部分档案尚未公开发表，无法引用）道路规划优先，尤其是在英租界早期（即原老黄浦区范围内），道路布局采用棋盘式，南北、东西方向建设道路，形成一个整齐方正的城市布局，而房屋都建在由四条马路围合起来的国人称之为"街坊"，外商、外侨称之为 block 的范围内，形成了一种全新的城市布局。

1853 年（咸丰三年），小刀会在上海起义，在刘丽川率领下，占领上海县城达 17 个月。为躲避战争，上海县城居民先有 2 万多人、后有 5 万多人，逃入租界。打破了原先上海地方政府与外国领事、外商、外侨商定的上海租界"华洋分居"原则，华人除了打工，不能在租界内居住。外商、外侨看准机会，迅速在租界内的空地上用木板建立起一排排临时住房，由此发了一笔战争财。木板房屋总体布局采用伦敦住宅毗连式形式，形成了上海里弄街坊的雏形，上海房地产业的经营从此开始。到 1860 年，据统计在英美租界内已有以"里"为名的木板里弄房屋 8740 幢，由此可以认定上海里弄住宅起源于 1853 年。从 1860 年到 1862 年，太平天国李秀成占领苏南地区，三次进军上海及上海周边地区，上海及周边地区三五十万民众进入上海租界，于是租界内又建起了大量专门租给华人居住的简易房屋。外商洋行通过这几次战争，看到了投资上海租界房地产的巨大利润，有人统计过，认为租界房地产收益甚至能赶上贩卖鸦片的利润，从而开启了上海租界房地产行业这个新行当。

在这个建房出租给华人居住的商业大潮中，外商洋行采用了一种全新的规划建造方案，即"里弄式建房方案"。这个新方案是指一个居住小区采用封闭式建房，即采用围墙或用房屋把一个居民区围合起来，形成一个几十至上百户华人居住区，而在居住区内部是一排排整齐的联排式二层住房。这种住房规划布局，是原上海老城地区乃至全国都没有先例的全新住房布局，上海人称之为"里弄房屋"，俗称"弄堂房子"。

"里弄房屋"的称谓也颇具上海特色。"里弄"这个词，原本在中文词汇里并不存在，它是由"里"和"弄"这两个字组合而成的。

"里"这个字的原意是"居住的地方"，如"故里"等，古文有"五户为邻，五邻为里"的说法。最早（1860 年前后）上海租界外商为华人建造的第一批居住小区，为吸引华人居住也入乡随俗，取名为"××里"。有资料可查的上海最早为华人建造的小区就取名"兴仁里""公顺里"等。以后代代相传，一直到 20 世纪 20 年代，不论是外商为华人建的出租房，还是后来华人依样画瓢也投资房地产建的华人居住小区，基本是以"××里"命名。据不完全统计，上海包括租界、华界，前后共建有 4000 个以上以"××里"为名的居住小区。这个"里"的名称也深深印入上海人心里，直至今日，虽然正式文件称呼城市最基层管理的自治机构为"居民委员会"，然而上海人大都仍习惯将其称为"里委会"。

"弄"这个字，中文原意为衖，是指小巷、小胡同。在上海老城里有大量以"弄"命名的街巷。如以大户人家姓氏命名的艾家弄、俞家弄、翁家弄、孔家弄、高家弄、毛家弄等，如以作坊命名的硝皮弄、羊肠弄、鸡毛弄、糖坊弄、咸瓜弄等。

1865 年 10 月，上海英租界（后公共租界）工部局对租界内的道路等实施了统一命名，第一批原则上是以当年国内的省名命名南北向道路，以国内城市名命名东西向道路。而"弄"则成为道路边上的编号用词，若道路边上独立一幢楼，编号为"××号"；若是一个居住小区，则小区入口的编号为"××弄"。从此上海租界房屋编号为：××路、××弄、（××支弄）、××号三级编码。租界内除少数原地名仍带有"弄"字，如"元芳弄"等外，其他地方的"弄"都是指道路边上居住小区入口处的编号用字。这种 ×× 路 ×× 弄 ×× 号成为科学的地名和房屋编号，不仅影响上海法租界，进而影响了全上海，后又传播到上海以外地区。同时，因为"弄"是居住小区入口处编号，在上海俗语中又称为"弄堂"（上海方言，读 long tang），所以弄堂又变成了一个进入居住小区的通道代名词。

进入 20 世纪，随着中外开发商资金实力的日益雄厚，新建里弄小区越来越大，居住户数也越来越多，一个 ×× 里形成几个进出弄口，也就有多个弄堂门牌号，但仍称为"××里"居住小区。

归纳起来，里弄住宅有以下特征：一是，里弄住宅是一个居住小区（或称聚集区）；二是，里弄住宅大多是二层或二层以上联排式房屋；三是，里弄住宅大多有自己的小区中文名称；四是，里弄住宅都有其明确的地址编号，而且有主弄、次弄（或支弄）通道；五是，里弄住宅基本上是一个封闭的居住小区。这些特征构成了上海开埠后所形成的具有海派特色的里弄房屋。

一、里弄住宅建造起始与规模变化

上海租界里弄住宅建设规模也是由小而大，不断变化，这与上海租界不同历史时期定位有关。

租界早期（1843—1850 年），根据《南京条约》中的条款，上海是一个通商口岸，主要作为国际贸易港口而建设的。根据英国领事与上海道台协商，在上海县城北面荒凉而少有人烟的地方划定租界，让外商、外侨有一个安身、工作、生活的地方。第一次勘定英租界 800 多亩地的范围内，外商、外侨人数很少。

1843 年，租界内的外侨 25 人、洋行 5 家；1844 年，租界内的外侨 50 人、洋行 11 家；1845 年，租界内的外侨 90 人；1848 年，租界内的外侨 159 人，又新设法租界；1850 年，租界内的外侨 210 人。

上海开埠初年，外国领事、外商、外侨与上海道台商定采用"永租"形式，购买租用上海土地，以便让后来者也能在租界内租用到土地，因此最早一批租地者的租用土地面积都不大（见下表）。

表 1 英租界早期租地统计

年　　份	租地件数（件）	租地面积（亩）	平均每件（亩）
1844	7	119.913	16.00
1845	13	151.793	11.70
1846	12	108.850	9.00
合　　计	32	380.556	11.890

表 2　英租界道契统计（正式）

年份	租地件数（道契）	租地面积（亩）	平均每件（亩）	年份	租地件数（道契）	租地面积（亩）	平均每件（亩）
1847	57	683.886	10.94	1852	10	42.240	4.20
1848	4	31.555	7.90	1853	1	0.756	0.75
1849	6	34.492	5.75	1854	42	350.549	8.35
1850	2	10.000	5.00	1855	24	237.854	9.91
1851	11	398.927	36.30	合计	157	1790.259	11.40

　　早期的外商、外侨买地租屋只为自己家庭和生意之用，因此建二层楼房，一楼办公做生意，二楼家庭居住，空地堆放进出口货物，不需要很大面积，每户 10 亩地足够了。1860 年前后，外商、外侨要建房屋让华人租住，以前批准的每户土地面积不大，并且只能建在自家土地上，建成的居住小区规模不大。英租界第一批建房出租给华人使用的比较著名的里弄，如兴仁里占地 13.7 亩，建有 50 幢房屋；公顺里占地 5.7 亩，建有 35 幢房屋，可见第一批华人居住的"××里"里弄，规模并不大，房屋幢数、居住户数也不多。

　　随着 1899 年公共租界向西、向北大规模扩张，有了大量土地，加之房地产业的赚钱效应，中外资本大量进入房地产行业。其中有洋商如哈同、沙逊等巨头，也有中资巨头如程瑾轩等，都大量购地建房，里弄住宅小区规模也越来越大，例如英商哈同于 1910 年前后在南京西路哈同路（因在哈同用地范围内，命名为哈同路，现为铜仁路）建设民厚南里、民厚北里，后因哈同崇信佛教，改名为慈厚南里、慈厚北里。民厚南里占地 25.09 亩，建房 203 幢石库门里弄房屋；民厚北里占地 18.32 亩，建房 135 幢，均成为当年上海最大里弄住宅小区。

　　又过几年，英商新康洋行在原静安区北部的新闸路、大通路边上建新康里，分为东、西两块，当中辟有大通路。西块 1914 年开建，占地 33.57 亩，建石库门房屋 249 幢；东块 1918 年开建，占地 36.35 亩，建石库门房屋 390 幢。后因种种原因，新康洋行将该小区出售给法商斯文洋行，改名为"斯文里"，分为"东斯文里""西斯文里"，成为当年上海石库门里弄住宅规模之最。

二、里弄住宅采用二层及以上联排式布置

上海里弄住宅从租界开始，绝大多数采用二层联排式布置，这种规划设计对华人而言是颠覆性的。在华人记忆中，几乎没有联排式房屋，二层及以上的住宅也是极少见的。

1843年以前，华人住房基本上是一层，极少建二层楼房。那时建二层以上房屋只为观景或作城中客栈、酒肆等之用，一般平民基本无缘二层楼房居住，就是皇家、巨富也极少建二层住房。包括明清时期的纪实性小说、笔记中也很少有相应的记录，可见二层住宅不是华人的传统。究其原因，主要是那时期建筑规划、设计及建造房屋的技术，只是停留在口口相传的手艺阶段，缺乏科学总结和研究，没有二层及以上的住宅概念。那时期建筑材料中好的木材也比较缺乏，加之运输不便，也难以建造二层及以上住房。

上海开埠后，外商、外侨在上海租界内建的第一批自用房屋就是二层楼房，所谓"连廊式"又称"殖民地式"房屋，底层作为办公、贸易谈判及仓储，二层才是家庭居住。这种全新的房屋样式对上海本地居民来说具有冲击力，使上海居民看到了外商、外侨实物型的房屋典范，并由惊讶、赞美、欣赏到希望入住及模仿建造，这也是上海居民追崇时尚的一种体现。

据专家考证，1860年后外商（起先主要是英商）在公共租界兴建给华人租住的房屋，选择了伦敦、曼彻斯特等英国大城市大规模建造的所谓"工人住宅"式样——毗连式住宅，即一幢一幢房屋互相毗连的形式。1845年出版的恩格斯《英国工人阶级状况》中，曾描述了这种住宅："后来出现了一种建筑形式，这种形式现在已普遍地采用了，工人小宅子，几乎再也不是一所所地盖了，总见一盖就是几十所、几百所；一个业主一下子就盖它一整条或两三条街。"这种毗连式住宅一般是二至三层，一开间连着一开间，长达十几个开间，用地节约，设施简陋，是给

工人大众居住的房屋，以缓解英国大城市工人住房困难。英商聪明地把这种毗连式住宅照抄照搬到上海租界，形成了上海租界特有的专门出租给华人居住的里弄住宅。在一些专业书籍中，把这类房屋称为"联列式房屋""连立式房屋""联排式房屋""连排式房屋"，称呼不一。据查，上海房地局在文件中，将此类房屋称为"联列式房屋"，本书从众，称呼为"联排式房屋"。

仔细查阅1860—1870年第一批外商、外侨为华人建造的比较坚固持久的房屋（不是临时木板房屋），如著名的兴仁里、公顺里等，均是二层房屋，而且其建房是有设计师、设计图纸。最早一批房屋设计比较简易，如著名的兴仁里，里弄内24幢石库门联排房屋竟然没有两幢房屋的面积是相同的，但已有里弄的特色，如里弄布局，主弄、支弄明确；如联排式布局，整齐排列有序；如二层楼房全里弄房屋高度一致。这种布局、建造，已初步进入科学化、规范化的范畴。这种房屋一出现，就吸引了上海及周边地区的有钱人家入住。有资料显示，单是兴仁里24幢石库门里弄房屋就有超过15户有钱人家入住（这主要是从其家庭从事的职业推算），后来竟成为租界内所谓"市北华人准金融区域"，主要是办理钱庄、典当、票号等，可见早期二层里弄房屋对华人富裕家庭的吸引力。

外商、外侨建房为了取得出租的经济效益也动足脑筋：一是为了贴近、照顾华人的居住习俗，英商在每幢住宅内，尤其是底层布置了天井、客堂、厢房、灶间等华人习惯的居住布局；二是建立小区及华人集聚式里弄；三是取中文吉祥名字命名；四是建造当年时髦的、吸引华人的二层楼房；五是还有一个隐匿的思维，二层楼房比一层平房可建更多的面积，用现行的技术术语就是提高容积率，在有限的土地上建更多的房屋，可取得更高的房租收入。而华人也认可二层楼房，认为可以和外商、外侨二层楼房比肩高低，此类房屋功能性分隔清楚，一楼是会客、做生意或交际场所（上海俗称"客堂间"招待客人的地方），二楼是家庭内部用房，有分有合，与原来合院式住房相比，功能更明确，更合理。

里弄住宅的另一个特点是不仅采用联排式房屋布置，还采用兵营式排列，即一排一排联排式房屋，在里弄内前后整齐排列，显得颇为整齐和壮观，这种格局对上海市民的视觉冲击也是很震撼的。虽然早期联排式房屋外观上还有许多中国元素，如屋面还是黑色蝴蝶小瓦（这主要是限于建材原因），外墙还是石灰粉刷（这也主要是尚未有新的建材和建筑工艺产生），只是在每幢房屋出入口处设计了一个石库门（也算是一个新元素）。这种石库门大门、二层楼里弄房屋几乎是对原上海县城内房屋的颠覆，吸引了大量华人入住，也成为上海城市住宅的一个最大的组成部分。

三、里弄住宅小区命名

每一个里弄住宅小区都有一个中文名称，这是上海租界里弄住宅的一个独特之处。最早上海租界内的里弄住宅大多为外商、外侨所建，为了吸引华人居住以取得经济效益，都取中文名字。这些名称可能是由熟悉或精通中文的外国人所取，也可能是请华人名人或华人买办取名。上海租界里弄住宅不仅建造得先进新颖，而且还要取个好名称，希望拉近外商（房屋开发商）与华人居住家庭的距离，这种取名方式大体可分为几类：

第一类采用吉祥用语取名。例如最早有案可查的"兴仁里"为上海大地产商沙逊洋行所建，其寓意又是发财（兴旺）又是仁人之居，还谐音"人"为仁，直白为兴旺发财之人的居所，很有口彩。又如也是最早一批里弄住宅的"公顺里"，古时优雅名士、高德之人尊称为"公"，加之顺风顺水、顺利发达，其寓意也不错。

第二类是以洋商（开发商）字号为里弄命名，既有宣传公司之名，又有洋商保证房屋质量之实。最著名的案例是20世纪初建造的斯文里里弄小区。起初该里弄小区是英商新康洋行所建，老板为爱德华·埃兹拉，其人为上海租界名人（1912—1918年连续7年任上海公共租界董事），又是富商，以公司名称命名其建设的里弄小区为"新康里"也是理所当然。以后在20世纪20年代中，新康洋行将"新康里"出售给法商斯文洋行，改名"斯文里"，也是以公司名称作为里弄名。"斯文"一词是从中国古文里找出的更高雅古朴的名字，这也可见洋商取名之深意。华人企业建造的里弄小区，也有一些是以建设单位名称取名的，如四明银行建造的里弄住宅，不论是出租还是自用（职工宿舍），均以"四明"取名，如"四明邨""四明别墅"等。中国银行建造的职工宿舍取名"中行别业"，也算另有一功，这些取名主要含有宣传广告之意。

第三类里弄名称为连锁类名称。一个开发商建了许多个里弄，为了便于识别采用连锁类名称。如哈同洋行所建里弄小区，因哈同中年后崇信华人佛教，不仅在其私家花园内建立佛堂，引入佛教传经，还将他开发的里弄、大楼改名，均加以"慈"字开头，例如将原民厚南里、民厚北里改名为"慈厚南里""慈厚北里"，另有"慈惠南里""慈惠北里""慈淑大楼"等，以使大众认知这是哈同产业，又推崇了佛教。华商房地产商也依样学样，例如早期沪上最大华商房地产老板程瑾轩家族，号称"沙（逊）哈（同）之下，一人而已"，他单是在黄浦区就建有一批里弄住宅，均以"庆"字连锁命名，如"大庆里""吉庆里""恒庆里"等。

20 世纪 20 年代后，里弄住房又有了新的发展，开始在住房内设计安装当时很先进的成套卫生设备，即洗脸盆、抽水马桶、浴缸，俗称三件套大卫生设备。这种直追世界先进住房条件的里弄房屋，虽然从总体规划布局、房屋造型来看，与原来的旧式里弄房屋差别不是很大，然而开发商、建筑商不愿意与原来的旧式里弄房屋混为一谈，刻意拉开距离，采用新的不同的名字来命名。开发商、建造商将以前建的里弄房屋称为"旧式里弄"，而将自己建造的带有先进卫生设备的里弄房屋称为"新式里弄"。"新式里弄"这个词是谁发明谁先使用，尚未找到证据，然而这两种里弄分类方法却获得了上海市民的认可。1949 年后，上海房地产管理部门也采用了这一分类方法，把"新式里弄"定义为第四类房屋，把"旧式里弄"定义为第五类房屋。上海市民平时只要一说住在新式里弄，其经济地位、社会地位高下立判。据专家估计，上海 1949 年以前住新式里弄的家庭，只占上海家庭总数的 10% 左右，也就是只有 10% 的家庭享有大卫生设备，当然还应加上约 4% 住花园洋房、公寓住宅的家庭，只有这些家庭享受大卫生设备。直到现今所说的上海市旧房改造、消灭旧式里弄，尤其是"二级以下旧式里弄"（笔者注：二级、一级旧式里弄是以采用建筑材料和承重结构来区分的，以砖木结构承重的旧式里弄称为一级旧里，以中式立帖式木柱承重的旧式里弄称为二级旧里），可见

"新式里弄"与"旧式里弄"的明显区别在上海市民中是有深刻认知的。

当年外商、华商房地产开发商也顺应上海市民认知，将新式里弄的命名与旧式里弄的命名作了区分，早期旧式里弄均取名为××里，而新式里弄则抛弃了"里"这个使用了半个世纪的专用字，采用了新的字。上海新式里弄大多取名用"邨"，称为××邨。例如延安中路上的"四明邨""模范邨"，南京西路上的"重华新邨"，还有鲁迅居住过的虹口区"大陆新邨"等。虽然"邨"是"村"的异体字，一般不再使用，但在里弄房屋命名中却是不能混用的，"邨"比"村"更显高雅。现在上海很多住宅小区是以"村"命名，那是 1949 年以后的事了。1951 年上海建成的曹杨新村，是我国第一个工人新村，以后有一大批新建房屋取名"××新村"了。

还有一批新式里弄取名为"××坊"，例如著名的"万宜坊"，以及"三德坊""三义坊""涌泉坊"等。也有一些开发商因应上海人赶时髦，比如取名"梅兰坊"，谐音京剧名家；"渔光邨"，取名当年著名电影《渔光曲》。当然也有特别冷门的命名，如上海一个外商建造的高档新式里弄小区，被命名为"大胜胡同"，有北方居住小区命名的特色，也算别具一格。

有一个现象值得研究，虽然上海有外国租界，许多外地人也称上海人崇尚洋文，可是上海建筑命名中，除了外商建的大楼（也有一些华商建的大楼）以外国人名、地名取名，而在里弄住房中，很少用外文取名，少数如比较著名的"步高里"（法文"CITE BOURGOGNE"）循法文取名，但中文意思也很好。另据称在虹口区有一些里弄是采用日文取名（如千爱里），但日文都用中国字，一时也难辨是外国名称还是中文名称。

还有一些特殊的里弄不取名称，直接以×××弄为名，例如在静安区的南京西路 1522 弄，是带花园的里弄住宅，就是没有中文名字，而当地百姓都称为"外国弄堂"。究竟是该类房屋照搬外国房屋设计，还是此类房屋吸引外国人居住，莫衷一是，也可能是外国侨民并不在乎里弄小区的中文名字，而是关注里弄房屋的居住条件，因此形成了这种吸引外侨居住的所谓"外国弄堂"。

四、里弄住宅门牌号和弄堂

里弄命名后，从地名学角度形成了一个居住区小地名，大家称便。然而里弄一多小地名也多，虽然里弄名字从文字上可以辨识，但口语却难以辨别，加之上海里弄名字有一部分是重音重名，更难区别。当年中文并没有一个标准读音，各种方言盛行，现在大家观看反映 20 世纪 40 年代以前的电影、电视片，为了真实再现当时情景，政府官员、社会名流、普通百姓都操着各地不同方言，同一个字有很多读法，难以辨听，外侨、外商面对各种方言更是束手无策，这是当年里弄采用中文小地名的一个短板。

上海英租界于 1862 年 3 月 31 日召开英租界租地人会议，决定给英租界道路重新命名，竖立中英文的路名牌，并对房屋重新进行编号，这就是上海里弄房屋门牌号的由来，是城市管理的一项基础内容。英国人也心血来潮，将早期英租界马路规划成"井"字形（或称"棋盘式"），即马路分为东西向、南北向，这奠定了上海租界核心区马路走向，并影响了以后的市政道路建设格局，同时规定南北向马路以国内省名命名，东西向马路以国内城市名命名。这种规范方便了华人，国内省名、城市名平时常用，烂熟于心，好记好用（笔者注：当然也有缺陷，当时国内只有 18 个省，现在也只有 31 个省、市和自治区，是不够用的），外商、外侨用此地名也能加深对全国区域的理解。可惜好景不长，当英租界超越西藏路向西扩展，超越苏州河向北拓展，路名命名又陷于混乱，中文、外文互相交织。到公共租界时期，又恢复到采用外国人名、地名命名道路，尤其是在向西扩展到兆丰公园（即现在的中山公园，当年是兆丰洋行的土地故称兆丰公园，周边地区还有兆丰小区等），又以大量外国地名、人名来命名道路。但有一个意外，在租界时期，公共租界出了一条以华人名字命名的道路，叫虞洽卿路，即现在的西藏中路。这是公共租界为表彰虞洽卿对上海地区所做的贡献，在虞洽卿 60 岁生日时，将西藏中路改名为虞洽卿路。法国人管理的法租界，执意用外国地名、人名命名道路，其中也有一条道路是以华人陶善钟名字命名的善钟路，即现在的常熟路。

　　英租界当局还结合道路命名，对沿街房屋进行编号，上海人俗称"门牌号"，规定东西向道路以东面黄浦江为起点，向西编号；南北向道路以南面洋泾浜（即现在延安路）为起点，向北编号。同时规定一条道路的两边门牌分别为单、双号加以区别，这就奠定了上海道路名称、门牌号的基本原则。当然也有例外，外滩道路只有一边有建筑物，其不分单双号，而是连续编号，从南向北编为1号至33号。

　　1899年，公共租界向北扩展到现虹口区、杨浦区，道路和门牌号又发生了变化，南北向道路仍以南面（苏州河）为起点，向北编号；而东西向道路，则以外白渡桥为起点，由西向东排列编号，形成了苏州河北面公共租界与苏州河南面公共租界东西向道路门牌号编号方向不一致的情况。公共租界道路门牌号的编序，也影响了法租界，法租界东西向马路也以黄浦江为起点，东小西大向西编号，而南北向道路则是以洋泾浜（延安路）为界，由北向南编序，从此上海城市地理定位走上了科学化、标准化的道路，一直延续到现在。

　　如何使道路边的门牌更清晰显眼，经过多年研究尝试，终于在20世纪20年代找到了较为合适的材料——搪瓷铁皮门牌。虽然搪瓷产业刚刚在国内兴起，租界经过试验决定采用蓝底白字的搪瓷门牌，据说经过测试，蓝底白字的搪瓷门牌在光线不足情况下，辨识度最好（笔者注：这只是传说，没有见过正式实验报告和证据），尤其对于早、晚光亮度不足时也能看清楚门牌号码。从此搪瓷蓝底白字的门牌一直沿用了60年，直到20世纪80年代才换成现行颜色的门牌。

　　在编制门牌号时定了一个原则，沿道路单幢建筑物直接编一个数字号，且搪瓷门牌尺寸较小，而当一个里弄小区入口处则编为××弄，注意没有"号"以示区别。搪瓷门牌尺寸比单体建筑物门牌号尺寸要大一倍以上，是横向相当于两个或两个以上单体建筑物门牌号大小。确立了里弄房屋的门牌号，也就是确立了小区"××里""××邨"主要入口的城市地址。规划师、建筑师在规划建设里弄住宅小区时，早先采用了国内并没有的鱼骨状小区内道路布局（据称外国也很少见到，笔者只是在东欧原社会主义国家"二战"以后建设的居民多层居住小区内，看到过此类鱼骨状小区内道路布局）。先规划修建从城市道路进入里弄的道路，称为主干道，上海人俗称"大弄堂""主弄"，里弄住宅绝大多数是采用联排方案布置，每两排房屋之间也有通道，称为"支弄"。这种"鱼骨状"小区道路规划，既满足了人们从城市道路进入里弄回家的人流分散，也节约了小区内道路用地。

早期里弄小区规模不大，住户也不多，如兴仁里、公顺里等里弄内的主弄（大弄堂）宽度只有 3 米左右，支弄更是小于 3 米，最小的支弄只有 0.9—1.2 米，这在黄浦区"新天地"项目中可以看到依据，当年规划复建的只有 0.9—1.2 米宽的支弄。随着里弄小区占地面积的扩大，居住人口增加，到 20 世纪初，一般主弄扩展到 4 米以上，据称主要是有利于当时上海租界最主要的出行工具——黄包车，两辆黄包车相向而行，主弄宽度就需 3 米以上了，支弄也随之扩展。20 世纪 20 年代，上海引进了一大批小汽车，这对高档里弄小区内的主干道（主弄）又有了新的要求，因为小汽车进了里弄还要回车掉头开出去，要求高档里弄小区内的主干道（大弄堂）宽度要大于 6 米。因此在一大批新式里弄的主干道规划都达到了 6 米，甚至有的里弄小区达到 7 米以上。这种里弄主干道的规划是非常超前的，基本上符合现行小区内道路通行的要求，甚至有些里弄小区还建有汽车间等配套设施，更是方便高层次家庭入住。

早期英租界（公共租界）因每块永租土地面积不大，每个里弄的规模也不大，家庭户数和人口也不多，"鱼骨状"里弄道路规划能满足人员通行需求。至 19 世纪末，公共租界一下子扩展到静安寺地区，拥有雄厚资本的房地产开发商不再满足于在小块土地上的小打小闹，而追求大规模开发。因而 20 世纪初，在租界范围内出现了规模最大的一批里弄小区。如哈同洋行开发建设的慈厚南里、慈厚北里，慈厚南里有联排式石库门房屋 203 幢，慈厚北里有联排式石库门房屋 135 幢，显然"鱼骨式"里弄弄内道路已不敷使用，而是采用多主干道"非"字形布局，慈厚南里有安义路 37 弄、55 弄及延安中路 1238 弄三个出入小区的主干道，还有十几条支弄；慈厚北里有安义路 20 弄、38 弄、48 弄及南京西路 1451 弄四个主弄出入口。原全上海最大的石库门里弄——新康里（后改名斯文里）分为东、西两片，西片占地 33.57 亩，建有 249 幢石库门里弄房屋，有新闸路 638 弄主入口，还有大田路 463 弄、509 弄、

553 弄次出入口，小区内还有十几条支弄。东片占地 36.35 亩，建造了 390 幢石库门里弄房屋，有新闸路 560 弄、620 弄两个主出入口外，还有大田路 464 弄、492 弄、546 弄三个次出入口。这些大型社区有多个主出入口、次出入口和内部支弄，流畅了居民的进出，也适应了大型社区的要求。

五、里弄住宅（小区）封闭式管理

上海租界里弄住宅还有一个特点就是封闭式管理。因为里弄住宅除了主弄联通城市道路外，其他支弄都不联通马路，形成了一个个封闭式里弄。这与上海租界，不论是公共租界还是法租界，都不实行封闭管理而是任由各地人马进入租界的形态是完全不同的，究其原因是带有历史发展因素。

租界里的外国官员、外商、外侨野心勃勃，促使租界不断向外扩展，如公共租界就从最初 800 亩地范围（大体是在现河南路以东范围），向西、向北扩张，最后竟然明目张胆进入华界地域，形成所谓"越界筑路"，把道路修建延伸到华界，以冀趁某种时机迅速扩大租界范围，因此不作封闭状态。法租界也一样不断扩张，也不作封闭状态。然而租界内的里弄住宅小区却不同，刚刚经历了太平天国运动、小刀会起义。一大批富裕家庭进入租界避难，他们最大诉求是安全，即人身安全和财产安全。洋商、外侨资本家看到这一点，因而第一批里弄住房采用"联排式住房布置"和"鱼骨状"小区内道路布置，正好能满足各方需求。联排式二层里弄住房提高了土地利用率和人口密度，而"鱼骨状"道路布局使里弄小区与外界道路只有一个出入口，这个出入口还用厚重木门（后来改用铁栅栏门或大铁门）与外界隔绝，并派员工值岗，有些里弄甚至雇用洋人（主要是印度人）来看守，确保里弄住户安全。这催生了一个新工种——"看弄工"。看弄工既受大业主雇用领薪看管里弄，掌握租户承租、退租及使用房屋情况，又可以从租客那里得到"小费""红包"等，还可以无偿居住在里弄内（一般是居住在弄口、过街楼、弄底等处），也算是一种别样生活状态。因为战争和自然灾害等，许多华人流离失所，一大批无业游民进入租界，为了不让这些无家可归者在里弄内随意搭建和栖身，因而采用弄口管理制度，禁止无关人员及小偷、强盗进入里弄，以保持里弄居民、房客安全，这种封闭式里弄在当时很受欢迎。

值得注意的是，当年的国内城镇都没有打扫卫生、清除垃圾的风俗，城镇乡村普遍是垃圾随意堆放，随地大小便也是一种常态。上海租界内外商建造的里弄住宅，为了保持不同于原上海县城内居民的居住水准，增加了打扫里弄卫生的措施。有资料显示，上海租界最早的大量建设里弄房屋出租给华人的开发商史密斯，对自己建设的里弄小区规定，不许乱倒垃圾，不许随地大小便，他雇人每天收集垃圾、外运粪便，保持里弄的卫生整洁。而后发现收集的垃圾、粪便可以卖钱，是一件名利双收的事，更是垄断了自己开发的里弄住宅小区、商场和旅馆垃圾、粪便的收集、外运赚钱的机会（笔者注：上海最早的商场、旅馆均是他开设的）。当然史密斯赚钱主要还是靠买卖土地、出租房屋，成为上海第一位房地产富豪，每年可赚几万英镑。他对上海房地产有诸多"贡献"：最早提出打破租界内华洋分居而采用华洋杂居的主张、最早建造给华人居住的房屋、最早开设商场和旅馆、最早成立"上海房地产经纪公司"等，被誉为上海租界早期最负盛名的上海房地产预言家，这都是后话。但他最早封闭里弄，打扫里弄卫生，收集清运垃圾、粪便，也算是开创了现代物业管理服务的最基础的两件事——保洁、保安。直到今天，保洁、保安仍然是住宅小区物业管理服务的基础工作，而住宅小区封闭式管理直到今天仍是商品房住宅小区的标配。

本书中选择的都是各个时期、各个不同标准的具有代表性的里弄。在每个里弄介绍前，均有一个提要，以便读者能掌握这个里弄的特点，也算是笔者的一点用心。

目　录

第一章　旧式里弄住宅

　　"旧式里弄"是后来人们对上海早期里弄的一种称呼，它正式成为住宅分类目录是在 1950 年以后，按照上海市房地局 20 世纪 50 年代住宅分类标准，所谓"旧式里弄"是指没有卫生设备（指抽水马桶、洗脸盆、浴缸等三件套卫生设备），按照"里弄"布局建设的住宅。同时，上海市房地局又按照里弄住宅的承重结构不同，将"旧式里弄"分为"一级旧式里弄"和"二级旧式里弄"，所谓"二级旧式里弄"（简称"二级旧里"）是指采用我国传统的"立帖式结构"，即由木柱、木梁来承重的里弄住宅；所谓"一级旧式里弄"（简称"一级旧里"）是指采用"砖木结构"，即由砖墙、木梁来承重的里弄住宅。这种"旧式里弄"1860 年后在上海迅速发展起来，至 20 世纪 20 年代末达到顶峰，以后就逐渐被其他各种住宅所替代。目前上海市区正在进行城市更新改造工作，其中一个重要指标，就是拆除和更新"二级旧里"。

　　据资料记载，上海市（最早主要是在租界内）开始大规模建造里弄是小刀会起义后。1860 年后，规模更大，几十万人避难进入租界，外商抢建了一大批木板房屋收取高额房租，让逃难的华人居住，开始了"华洋混居"的局面，房地产开发建设和出租成为上海租界的一个全新赚钱行业。

　　1860 年 9 月，租界内发生了一次大火，烧毁了上百幢木板房屋，租界当局严禁再建木板房屋。外商只得寻找新的建房方案，却受到几个条件约束，首先是每幅土地面积不大，租界早期约定每个外商在上海租地大体是 10 亩，因为 10 亩地可以满足一个外商、外侨一家居住和经商要求，同时还要为后来到上海的外商、外侨留出土地，所以每块土地面积都不大。其次要充分利用每一分土地来赚钱，要求在土地上建房多多益善，因而不采用上海本地普遍建一层合院式平房的方案，都建二层住宅，以取得更大收益。再次是希望建的住房对华人有吸引力，使华人心甘情愿地支付高额的房租，以保证高额利润率。有资料显示，这种房地产经营的利润率当年可以赶上贩卖鸦片的利润率，而且更加安全又受欢迎。由于"旧式里弄"在上海建造时段超过半个世纪，本身也有许多变化，本章将上海旧式里弄建设划分为三个阶段：早期旧式里弄（也是上海里弄的起源）阶段、中期大规模成片建设以小户型为主的旧式里弄阶段及后期建设的舒适型旧式里弄阶段。

一、早期旧式里弄住宅

原来华人住宅基本是立帖式一层平房，大多是一家一户并不相连。这种居住条件是与当时的经济、技术相匹配的。由于经济的原因，房屋基本是一层，那些二层住宅几乎都是特级富豪才会建造，如周庄的沈万三住宅群就是二层，当然沈家在明初已是富可敌国的大金主。其他富豪、官僚均无此种住宅，《红楼梦》里描述的江南四大家族，曹家（曹雪芹）那样富有，但建造大观园也都是一层房屋，没有二层楼房，可见二层楼房的稀少。从技术、材料分析，由于采用木柱、木梁承重，二层楼的木柱至少要 7—8 米，因为当年大多采用杉木、杂木（江南一带大多是杉木、杂木，很少有松木等比较好的木材），在建材选用上也受到制约，因而一层平房几乎是最佳选择。

上海开埠后，最初的外商、外侨大都是英国人，从印度转到上海，在上海建了一批二层的建筑物，引起了华人的极大关注和羡慕。因此外商、外侨利用华人的攀比和求新心态，建了二层楼房，既不同于原来华人传统住房，又有向外商、外侨住房看齐之意。英国商人首先想到英国本土大都市如伦敦、曼彻斯特等在 18 世纪末 19 世纪初为解决因工业革命而有大量工人进入城市，因缺少住房而在英国掀起了建造工人住宅的高潮，当时在英国大城市修建了大量的二层简陋的工人住宅，这种联排式的住宅缓解了英国大城市工人的住房困境，连恩格斯也在其著作《英国工人阶级状况》中，记录了这种情景。

英商引进了英国这种成功的建房布局，在上海如法炮制，也建设了一排排的毗连式二层住宅，还采用军营式一排排前后整齐排列，形成了上海里弄住宅的最初格局。为了贴近华人的居住习惯，英商在每幢住宅内，尤其是底层布置了天井、客堂、厢房、灶间等华人传统布局，甚至还别出心裁地把大门建成石库门式样，形成了一种全新的里弄房屋形式。

经历了太平天国运动、小刀会起义，江南富庶华人迫切需要寻找能保证人身安全、财产安全的栖息地，而在上海租界既有洋人保护，又有里弄这种四面围合的住宅小区，正好适应华人的需求。因而大量建造里弄住宅租给华人，就成为最大的商机，外商、外侨自然不会错过这天赐的发财良机，于是这种二层旧式里弄即石库门旧式里弄在上海租界遍地开花，成为上海租界当时的一种流行时尚住宅。这种流行时尚住宅在全国没有先例，只有上海租界才有，二层里弄住宅就成为全国的特例，上海一景。高密度的住宅群，高密度的人口聚集，使上海延伸出许多以前难以想象的场景：数百人、上千人的企业，接连不断的商铺，密集的道路，四通八达的交通，都助长了这种房屋的建设和推广。

案例 1　兴仁里

提要：

1. 早期（1866 年）外商建设并出租给华人居住的里弄式住宅的一个典型。

2. 引进欧洲毗连式里弄总体布局，单幢采用中国传统合院式设计，是最早采用石库门大门的建筑之一。

3. 主要租客是华人富庶家族居住，采用大户型及超大户型设计。

最早上海的里弄住宅建在何处，已难以考证。根据《申报》上的广告，在 1870 年前后的报纸上已出现"里弄""石库门"等房屋招租广告，可见那时"里弄""石库门房屋"等概念已深入人心。

专家们一致认为，根据资料，有实物、有广告、有日期（1872 年 9

月 27 日，《申报》上兴仁里的招租广告）的里弄房屋是上海英租界（后为公共租界）位于现北京路、河南路、宁波路 120 弄的"兴仁里"。虽然《申报》上的广告是 1872 年，但在 1866 年租界测绘的地图上已标明有英文"RING XING LE"的小地名，可以推测 1866 年此里弄已开始买地建设了。

根据资料，兴仁里原土地业主为华人石柄荣，英商购买承租道契签发时间为 1848 年 11 月，该里弄基地在 20 世纪 50 年代重新测绘时，土地面积为 19.95 亩（约 1.33 万平方米）。基地上建有 24 幢石库门住房及多幢沿街商铺（以后兴仁里房屋进行过多次改建，因此幢数与面积有许多变化），这也符合中国古文所说"五户为邻，五邻为里"的要求，取名兴仁里，寓意"仁人兴旺发财"，取名也算有新意。有人疑问，外国人也知道"里"的含义？确实外国人很早就认识这个"里"字，也知其含义。据专家考证，1640 年意大利神父潘国光（中文名字）在徐光启第四个孙女马尔蒂纳小姐的资助下，购得上海县老城区梧桐街"安仁里"世春堂的产权，"安仁里"就成为潘国光与罗马教会通信传递文件的在华"家址"。在利玛窦有关的中国札记里已有"安仁里"这个地址，并广泛传播，显然外国人已知中文"里"字是一个居住地点的称呼，而英国开发商采用"兴仁里"是否有借鉴"安仁里"之意，那就不得而知了。

兴仁里是上海目前已知有确切证据的最早的里弄住宅之一，里弄平面布局南北向设一主弄，长约 100 米，宽度大于 3 米，贯穿整个小区，有东西向支弄 4 条相对狭窄呈鱼骨状，主弄和支弄将整个小区划成 10 个小块，是上海最早的里弄布局。由于三面沿路，北面沿北京路建了一批商业用房（当时称沿街店面房），沿河南路也建了一些沿街店铺，有一批企业设立在这里，形成商、住混合的小区。

里弄内房屋采用联排式，据专家考证，这种排列式毗邻联体房屋是模仿英国、欧洲联排式格局。鉴于历史原因，目前没有查到设计师及其设计图纸，但从当时尚没有中国建筑师、设计师、工程师的事实，而开发商是老沙逊洋行，可以推断这些房屋是外国工程师设计的。这些外国工程师（建筑设计师）十分聪明，为了吸引中国人租赁居住，单幢设计中融入了大量的中国元素，工人在施工中又采用了大量本土的工艺方法，

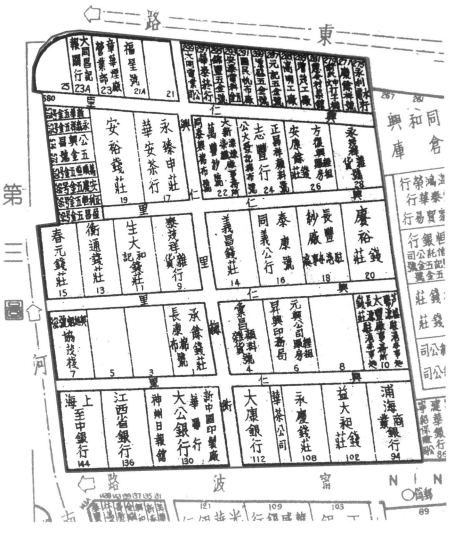

图 1-1 兴仁里里弄平面图

因此建成了这种中西合璧的、全国罕见的石库门里弄房屋。

兴仁里 24 幢石库门里弄房屋，每幢面积都不相同，细细统计，每幢二层房屋面积在 300—400 平方米的共 9 幢，每幢面积在 400—500 平方米共 6 幢，每幢面积在 500—600 平方米的共 3 幢，每幢面积在 600—800 平方米共 5 幢，每幢面积在 800—1000 平方米的共 2 幢。这是一个奇怪的现象，原因可能有：一是早期开发商、设计师（工程师）

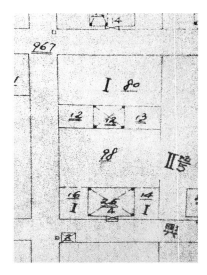

图 1-2　兴仁里 4 号分幢平面图

没有详细的施工图，任由建筑工人自由发挥，因而只有房屋进深（即每幢房的南北进深）、高度大体尺寸一致，而东西向开间，因各幢房屋尺寸不同而造成的；二是当年这种里弄住宅面向华人家族入住，而华人家族大多是人多、家庭关系复杂，因而有多种大小不等的房屋可供选择，这也可能是最早里弄住宅的一种特征。

本书选用兴仁里 4 号，面积为 306 平方米的房屋，此类房屋幢数最多（9 幢），比较有代表性，来分析该里弄房屋的特征。

因兴仁里房屋在 20 世纪 80 年代已拆除，只能从当时的图上测量，房屋面宽约 13 米，进深约 21 米，房屋占地面积约 270 平方米。大门是石库门，即用四根石条作门框，里面安装两扇厚实的木门，房屋朝南三开间，进石库门是一个 25 平方米的天井，两边有底层前厢房，分别是 16 平方米、14 平方米。正屋客堂宽约 5 米，两边有厢房宽约 3.5 米，底层客堂厢房共 98 平方米。客堂后面有单跑楼梯上二楼，二楼有前楼，东西两边有厢房，长宽与底层相同，面积也是 98 平方米。正屋后面是横向布置的 37 平方米天井，天井北面是 80 平方米的披屋，作为灶间、柴火间及杂物间等。这种布局是早期石库门里弄房屋较多采用的。房屋采用立帖式木结构承重，客堂进深 7 米多，应是 5 柱落地式，一层正屋前面还有两间边房，称为厢房，屋面应是 7 路桁条，上有望板砖铺小瓦，整幢石库门房屋建筑面积约 306 平方米。

兴仁里作为二级旧里，其最主要特征是采用我国传统江南的建房工艺和当时江南常见常用的建筑材料。房屋结构采用立帖式，即由木柱、木梁承重，而不用砖承重，砖墙虽有但只有围护作用，而且大多是半砖（即 12.7 厘米）墙。由于围护墙（即南、北、东、西墙）外露，防潮采用石灰纸筋粉刷外墙。屋顶采用大梁、二梁、桁条、椽子、上架网板砖，

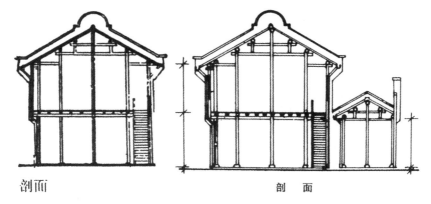

剖面　　　　　　　　　　　　　剖　面

图1-3　立帖式二层石库门房屋剖面图

屋面上是中式小瓦（见图1-3）。这种建筑结构和建筑材料非常适应当年的华人建筑工人，因此这种所谓的"华房"（即出租给华人居住的房屋）在租界内（尤其是公共租界）迅速发展起来。

这种中式房屋成本比较低，建房速度也比较快。然而建筑精确度并不被看重，据测量数据表明，这24幢里弄住宅没有两幢房屋的面积是相同的，可以推测当年洋商只有一个大致的建房方案，没有详细的设计图纸，全凭华人工匠按照传统工艺建设，不大讲究尺寸，这与以后大型旧式里弄小区内几百幢住房尺寸一样是有很大差别的。

兴仁里作为上海最早的里弄住宅之一，其石库门里弄建筑是很值得研究的。可惜这个标志性里弄住宅因原始结构简易，又年久失修，在20世纪80年代已经被拆除了。

链接：兴仁里及沙逊洋行

《申报》同治十一年（1872年）十月二十七日登有这样一条房屋出租告示：

"启者本行今新造市房一所在宁波路兴仁里西首朝南石库门六幢每幢计六楼六底两厢房后连披屋三间井俱全准予明年二月中旬可能完工其租价格外公道倘欲先为租定者请至本行经租账房面议即可也　特此布闻　同治十一年十月二十七日　老沙逊

洋行啟（可查土地转手交易的承接方是否沙逊洋行）。"

众多专家学者都认为此招租广告标志着上海最早石库门房屋是兴仁里。

招租广告透露出以下信息：

1. 此土地（或开发商）是"老沙逊洋行"的；

2. 所建房屋（或招租房屋）为石库门房屋；

3. 房屋样式为"六楼六底两厢房后连披屋三间井俱全"。

兴仁里的建造者是沙逊洋行。沙逊家族据传为居住在中东地区的犹太人，沙逊家族早年进入印度，开设工厂，开展贸易，被称为印度现代化工业的主要人物。1840 年前后，大卫·沙逊加入对华贸易行业，大做鸦片生意。1843 年上海开埠，大卫·沙逊是最早进入上海的外国商人之一，并成立沙逊洋行。据资料显示，1871 年，沙逊洋行是最大鸦片商，占对华鸦片贸易的 70%。大卫·沙逊过世后，1872 年两个儿子分家，大儿子阿尔伯特·沙逊继承沙逊洋行，俗称"老沙逊洋行"；二儿子伊利亚斯·沙逊自创公司，也叫"沙逊洋行"，俗称"新沙逊洋行"。1923 年维克多·沙逊来上海主持"新沙逊洋行"业务，大力开展房地产业务，成为上海最大的房地产商，到 1930 年前后，"新沙逊洋行"房地产账面估价超过 5 亿元。

三代人在上海从鸦片贸易到房地产开发，赚取了巨额的利润，到 20 世纪 40 年代，成为上海最大的房地产商，不仅建造了大量的高档办公用房、高档旅馆、高档住宅，也建造了一大批出租给华人居住的里弄房屋，至 30 年代末，拥有房屋 13.8 万平方米，房屋 1986 幢，其中 90% 以上是里弄住宅和市房（指沿街商铺）。此处兴仁里旧式石库门房屋，公认是沙逊家族建造的上海最早的里弄石库门房屋之一，也从某种意义上开创了上海里弄房屋建设的先河。

案例 2　公顺里

提要：

1. 公顺里是大家公认的上海最早期石库门里弄之一，1876 年出版的《沪游杂记》就有记载。

2. 公顺里虽然规模不大，但是由两条南北主弄与四条东西支弄呈"月"字形构成，与其他早期里弄是一条主弄、几条支弄构成有明显区别，可能也是上海最早多条主弄组成里弄布局的一种尝试。

3. 公顺里最值得研究的是，弄内有一批石库门不是东西方向毗邻，而是南北方向毗邻。虽然石库门房屋整体是一客二厢房的典型布局，但其大门却建在房屋东西两侧，与传统的石库门房屋布置有巨大区别。笔者猜测这是早期里弄房屋布局的一种探索，而以后就很少见到了，因而这种布局值得观察与研究。

公顺里坐落在广东路 280—304 号，建造的年代很早，在 1876 年出版的《沪游杂记》附图上已有记载。

公顺里占地 3800 平方米，里弄南面临街，全弄建有三开间石库门里弄住宅 10 幢、二开间石库门 7 幢、一开间 5 幢，沿广东路街面有底层店铺、二楼居民住宅的"市房"13 幢，其中有两处过街楼，还有一幢难以归类的大型（500 平方米）类似石库门带有前后天井的二层房屋，合计 36 幢，实际建筑面积为 5164 平方米。此弄房屋大都为二层，为了充分利用土地，在弄内布局为一幢三开间与一幢二开间毗邻，这种布局当时是比较新式的。目前此里弄尚在，还能窥见百多年前上海最早期的石库门里弄房屋的布局。

公顺里作为上海最早里弄建筑之一，大家没有异议。但由于几本书的记载不一，产生歧义。有人称公顺里建于 1853 年，也有称建于 1953 年，在小区入口过街楼上用水泥标明 1953 年。经笔者考证，上海市房地局编著，沈华主编的《上海里弄民居》对此做了说明："该处 1950 年由政府接管，因房屋年久失修，1953 年大修。"此段文字道出了"1953 年"的真相，其实指大修年份。

图 1-4　公顺里里弄平面图

公顺里与兴仁里不同，它的规划设计除了沿街市房被作为商业，弄里的房屋相当一部分是作为住宅来设计和建设的，图 1-5 中显示二开间（一客一厢）二层约为 157 平方米，三开间（一客二厢）约为 251 平方米，每幢规模也比兴仁里小了不少。

弄内第一排是两幢东西毗邻的石库门房屋，一幢是二开间，一幢是三开间，从附图中可以看出，这两幢房屋与现在大家公认的石库门房屋已基本相同。然而弄内第二排房屋却是四幢石库门房屋组合而成，南面两幢石库门房屋，一幢是二开间（14 号），一幢是三开间（13 号）与前

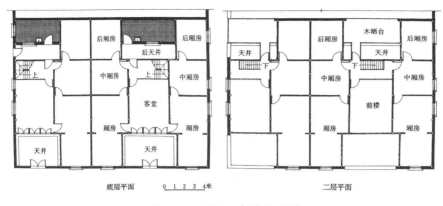

图 1-5　公顺里房屋平面图

排房屋相同。在这两幢石库门房屋的北面紧贴着两幢石库门房屋，一幢是二开间（16 号），一幢是三开间（17 号），由于这两幢石库门房屋南面没有支弄，也没有通道，石库门大门开在东、西两侧，因此，16 号从西侧开门进入天井和厢房。17 号从东面开门，穿过二层厢房下的空间进入天井，再进入客堂和厢房。这是一种罕见的石库门房屋形制。笔者猜测，这是早期设计师对石库门里弄房屋规划设计的一种探索，后来可能因房客的接受度或其他原因，没有大规模推广。这种推测，仅供讨论。

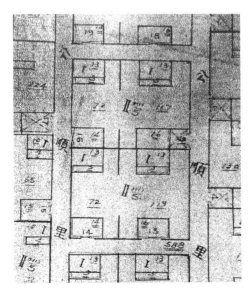

图 1-6　公顺里南北向布局组合

图 1-7　公顺里弄口

图 1-8　公顺里 16 号大门朝西

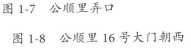

　　图 1-7 中标示"公顺里"是砖木二级的旧式里弄，应为立帖式石库门里弄房屋。后来拆落地大修翻建，改为砖木结构（即砖墙承重），屋面也改成西式平瓦，估计这都是 1953 年时改建的。

链接：公顺里与周边里弄

　　公顺里建成年份较早，但无确切年份。

　　公顺里值得研究的有几点：首先，公顺里不像兴仁里采用每幢（户）超大规格的布局，而是向后来的一般石库门房屋演变，形成二开间、三开间，比兴仁里小了很多；其次，由于公顺里还没有拆除，可以清晰地看到 100 多年前的里弄布局，为早期石库门的结构，它的石库门只是三条石块构成，没有装饰，是非装饰的石库门形式；最后，里弄中这种特殊的南北毗邻式布局，通过一楼厢房在一边开个石库门进入天井，只是使厢房少了八九平方米，但其余房间的采光、通风丝毫不受影响，这也是一种巧妙的布局，可惜这种布局没有流传开来，但在老黄浦区一些百年里弄内也还是可以找到布局相同的房屋。

图 1-9　1876 年上海英、法租界的兴仁里
和公顺里分布图（《沪游杂记》）

公顺里于 1953 年全面翻建，是上海房屋修缮史上的一个重要节点。一条里弄房屋全部拆落地大修原样翻建，这在上海自 1843 年开埠到 1949 年 100 多年里是罕见的，这是一种全新的修理模式，可由于种种原因，这种拆落地翻建模式后来并没有大范围推广。20 世纪 80 年代开始的旧区改造都是采用拆除旧房建新房，上千万平方米的旧房都拆掉了。到了 21 世纪初，开始有历史建筑保护、风貌社区建设，才又有了对旧建筑物全面维修、修旧如旧的保护性修缮。

《沪游杂记》是一本杂书，里面较为详细地记录了 1876 年前上海的一些情况，其中有附图，详细记录了英、法租界地区的里弄布局，图中局部区域标出了一批里弄名称，今天可以对照着去考证当年里弄的状况。

从案例中可以看出，最早的兴仁里超大面积住宅（500—1000 平方米），对应的是整个家族大家庭，而像公顺里二开间，主要租赁对象已不是家族，而是一般家庭，即使是三代人同住，也就是 10 多人居住一幢房屋，也是十分宽敞了。到了 20 世纪初的慈厚南北里，一幢房屋只有 80 平方米建筑面积，对应的家庭只能是 5—6 人的小家庭了。家庭小型化和单幢住房小面积，也成为当年的趋势了。这种外来家庭小型化和单幢住房面积小型化，是当年社会、经济的一种反映。

表 1-1　1900 年前旧式里弄、石库门里弄不完全统计

小区名称	建造年份（年）	结构层数	幢数	总面积（m²）	地　　址
公顺里	1866		15	3742	广东路 286 弄
兴仁里	1866		24	9157	宁波路 120 弄
三和里	1876	砖木二层	22	6950	江西中路 412、432、460 弄
万安里	1876	砖木二层	11	2058	北京东路 400 弄
吉祥里	1876	砖木二层	17	5790	河南路 531、541 弄
同和古里	1876	混合三层	5	6339	宁波路 74 弄
恒源里	1876	砖木二层	11	3701	天津路 179 弄
昼锦里	1876	砖木二层	5	1905	汉口路 360 弄、九江路 369 弄
景行里	1876	砖木二层	7	3512	天津路 212 弄、宁波路 279 弄
集益里	1876	砖木二、三层	11	8677	天津路 195 弄
腾凤里	1876	砖木二层	14	5213	四川中路 548、572 弄
德馨里	1876	砖木二层	6	1924	南京东路 324 弄
益源里	1890	砖木二层	34	2542	凤阳路 100 弄
福裕里	1897		17	5681	北海路 200、220 弄
又新里	1898	砖木二层	7	1118	九江路 296 弄
宋家弄	1899	砖混二、三层	16	4041	北京东路 688 弄

小区名称	建造年份(年)	结构层数	幢数	总面积(m²)	地　　　址
春寿里	1899	砖木二层	5	982	厦门路75弄20—28号
三街杀猪弄	1900	砖木二层	18	1813	成都北路1012弄
颐康里	1900	砖木二层	22	4636	新昌路431—481弄
新桥路97弄	1900	砖木一、二层	31	2360	新桥路97弄
洋泾镇路257弄	1900		44	672	
天宝里	1880	砖木二层	29	3390	成都北路879弄及867—889号
老修德里	1885	砖木二层	24	4090	凤阳路541弄
顺德里	1892	砖木二层	15	1407	新闸路812弄
永吉里	1896	砖木二层	85	100	新闸路551弄507—549号
同福里	1900	砖木二层	11	362	北京西路459弄
祥福里	1900	砖木二、三层	30	5633	石门二路146弄2—46号
寿德里	1890	砖木三层	25	2780	吴淞路670弄
正兴里	1895	砖木平房、二层	40	4200	新广路251弄
大兴里	1897	砖木二层	24	1712	吴淞路429弄
长安里	1897	砖木二层	31	2200	吴淞路42弄
兴顺里	1897	砖木二层	16	1650	吴淞路407弄
德润里	1900	砖木二层	26	1970	长治路197弄
寿彭里	1900	砖木二层	16	2180	武进路263弄
仁元里	1900	砖木二层	11	1414	罗浮路99弄
甄兴里	1900	砖木二层	27	3800	新广路251弄

小区名称	建造年份（年）	结构层数	幢数	总面积（m²）	地址
德仁里	1900	砖木二层	34	3400	邢家桥南路 231 弄
永福里	1900	砖木二层	13	833	峨眉路 303 弄
祥和里	1900	砖木二层	17	1520	峨眉路 405、415 弄

二、大规模小户型旧式里弄住宅

19 世纪 70 年代后，随着战乱结束，浙江、江苏的富豪们也不再涌向上海，大型单幢里弄住宅显得不合时宜了。20 世纪初，因《马关条约》规定外商可以在国内开设工厂，生产产品，用以内销、外销，工业化在国内兴起，尤其在上海，各国外商抓紧机会大量开设企业，生产各种产品，这种工业化进程促使了国内民众大量流向上海，不论是买办阶层、跑街推销员还是工业生产急需的有文化的技术工人、工厂中下层管理人员等，都急速向上海集聚，还有大量希望学习、传播各种文化的知识分子也大批向上海迁移，形成了移民上海的热潮。

表 1-2　上海人口快速增长

年份	公共租界		法租界		上海市
	总人口（人）	外侨（人）	总人口（人）	外侨（人）	人口（万人）
1900	352050	6774	92268	622	108.7
1905	464213	11497	96863	831	121.4
1910	501561	13526	115946	1476	128.9
1915	638920	18519	149000	2405	200.7
1920	783146	23307	170229	3562	225.3
1925	840226	29947	297072	7811	
1930	1007868	36471	434807	12922	314.5

年份	公共租界		法租界		上海市
	总人口（人）	外侨（人）	总人口（人）	外侨（人）	人口（万人）
1935	1159775	38915	498193	18899	370.2
1942	1585673	57351	854380	29038	392.0

注：本表统计的是公共租界、法租界人口，表中所指的上海市，由于没能找到资料说明其范围，只能猜测是英租界加法租界加华界。

这次人口大增长与前一次不同，前一次因为躲避战争，大多数为有钱人，好多是全家族逃进上海租界，因此需要大型、超大型住宅。这次人口增长，是为了适应生产、贸易等行业需求，不是有钱人的大家族移民上海，而是一个个小家庭，甚至只是几个人到上海租界来打工谋生求发展，因此需要的是小户型里弄住宅。同时又遇到租界全面向东北、向西、向南发展，可以有大片土地来建造大型的里弄社区，因此大规模成片里弄小户型社区就应运而生了。

案例 3　慈厚里（慈厚南里、慈厚北里）

提要：

1. 在 20 世纪初，具有代表性的大型社区式里弄如慈厚里在租界出现。

2. 著名房地产商哈同在自家土地中间辟路，分为南北两块，在大型里弄中设计了多条主弄、支弄。

3. 仍然采用传统的立帖式结构建房，是早期二级旧式里弄的典范。

4. 首次大规模采用小户型，出租对象为一般职工等中间阶层。

1890—1920 年，随着上海租界人口快速增长，对小户型住房的需求日益增加，外商看准机会大力建造小户型旧式里弄，大多为石库门形式。英商哈同建造的慈厚南、北里，是当年二级旧里的代表作。

图 1-10　慈厚南、北里里弄平面图

开建于 1910 年的慈厚南里占地 25.09 亩，共建有 203 幢立帖式结构二层石库门住宅（含部分沿街商铺），弄内有 2 条南北穿透的主弄，称总弄，弄宽 4 米多，还有 7 条东西向的支弄，宽度也超过 3 米，组成小区内道路交通系统。房屋一排一排地整齐排列，弄内共有 24 排房屋，最长一排有 16 幢房屋毗连，形成一个大里弄社区。

同时开建的慈厚北里占地 18.32 亩，里弄内有 2 条南北向的主弄，称总弄，宽约 4 米，还有 9 条东西向的支弄，组成小区内的通行道路，里弄内有 17 排房屋。另建有一个公共商业建筑，似为小菜场。慈厚北里共建有 135 幢立帖式结构二层石库门住宅，含部分沿街商铺。

慈厚里建成时期成为上海当年最大规模的石库门里弄住宅。

1900 年公共租界管理机构工部局专门颁布了《中式建筑规则》，对中式建筑（即主要是租给华人居住的房屋）做了详细规定，共有 21 条，其主要内容：建筑物尺寸为 24×12 英尺（约 7.3×3.5 米）；承重结构为木质梁柱；层数不超过 2 层，每层高至少 8 英尺（约 2.4 米，包括厢房）；每幢房子都应留有 120 平方英尺空隙地（约 11 平方米），作为房间通风、采光之用；里弄里通道宽度为 10 英尺（约 3 米）；其他还有地基、排水、厕所、墙壁、窗户面积、隔火墙、房顶、烟囱、阳台、建材等规定。这些规定都促进了租界内的房屋的规划、设计、建造达到比较先进和科学的程度，慈厚里也基本按此规则设计施工。

慈厚里一反常态全部采用单幢小户型布局，每幢房屋虽有二层，总建筑面积只有 80 平方米，比公顺里又小了不少。

房屋仍采用传统的木柱、木梁立帖式结构，也是采用中式小瓦，与兴仁里相同。房屋承重为木柱立帖式，木柱下有石墩作为基础，立柱之间用砖砌墙，墙面用纸巾石灰抹面。屋面是桁条加椽子，上面是小青瓦（蝴蝶瓦）。房屋二楼是木地板，一楼是水泥地，里弄路面也是水泥地，这在当时是比较先进的，也符合英租界关于中式房屋的规定。

那时由于五金件不普及，所以房屋内的木门、木窗均为摇梗式，即在门、窗边梃上钉一硬木杆，在门框、窗框上面有一木块中钻一洞，在门框、窗框下面有一木穴，门窗摇梗插入上空、下穴中用于开关。大门虽然也采用石库门形式，只是简单的条石做成，无任何装饰。总之，哈

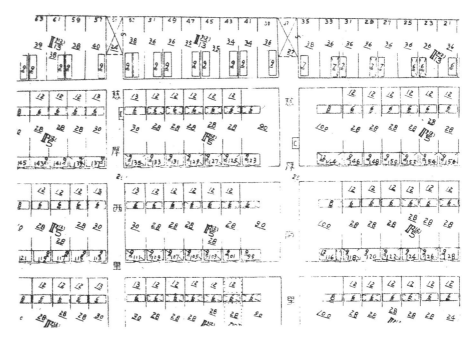

图 1-11　慈厚南里分幢平面图

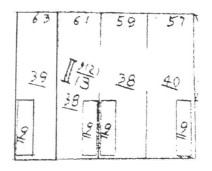

图 1-12　慈厚南里分幢平面图放大

同还是采用低成本的传统方法建造里弄小区。

慈厚里有自来水和电力设施，在当时算是先进的（上海公共租界1865 年开始有煤气，1883 年开始供应自来水，1892 年开始供电）。当年建成时，自来水是给水站供水，由给水站出售水筹（一种竹制筹码），居民买筹换水，一根水筹换一桶水；当年供电时并不装电表，电费是按每幢房屋的灯头数量计费，既体现了开发商的实力，也反映了华人租房

市场的大量需求。该里弄房屋建成时，单开间每幢每月房租在 12—15
元之间，吸引了许多知识分子、中产阶级租住该小区，当然多数家庭是
两家合租的。毛泽东、郭沫若、田汉等名人均在此里弄居住过。

链接：哈同

　　哈同全名雪拉司·阿隆·哈同，1851 年出生于土耳其统
治下的巴格达城（现为伊拉克首都），其父为犹太人。他 5 岁
随父迁居印度孟买，1872 年父母去世后，只身出走香港谋生，
1873 年转到上海进老沙逊洋行工作，19 世纪末与沙逊洋行合
开"洋药公所"（鸦片交易所），在上海鸦片贸易中占有 50% 以
上的市场，迅速致富。哈同同时经营房地产，在 19 世纪末 20
世纪初，凭其眼光趁租界向西扩张到静安寺之际，悄悄地沿南
京西路买下大量土地，号称南京路沿线第一地主，建了大量的
旧式里弄。由于哈同中年后笃信佛教，他将所建的里弄名称均
改为"慈"字当头的名称，如慈益里、慈丰里、慈裕里、慈庆
里等，共有 50 多条里弄，其中最大最具有代表性的就是慈厚里
了。他还在南京西路建造占地近 200 亩的哈同花园。哈同在南
京路地产很多，1916 年至 1933 年间，哈同占有南京路沿线的
土地数量排名第一位（此均为经营性房地产，哈同花园不在内）
（见表 1-3）。

表 1-3　哈同占有的南京路地块统计

年　份	地　块	面积（亩）
1916	12	75.339
1920	12	78.674
1922	13	86.697
1924	13	86.562
1927	14	99.176
1930	14	106.267
1933	14	111.578

最多时，哈同占整个南京路沿线地产 40% 以上。据说，哈同一天就可得租金 7000 两银子，这只是房租一项，还有其他企业收入。1931 年哈同去世，遗产共有土地 450 多亩，各类房屋1200 余幢，除了少数几幢大楼如慈淑大楼等，绝大多数房屋是旧式、新式里弄房屋，称得上是上海外商个人（指与沙逊家族不同，是个人所有）拥有里弄房屋第一人。哈同为英籍，英国政府征收遗产税 1700 万银元。哈同没有生育子女，有 11 个养子、11 个养女，以至于发生争夺遗产大战，后因抗日战争、解放战争，遗产没有处分。1956 年，上海市第一中级人民法院裁定，哈同及妻有巨额债务尚未清偿，房地产全部扣押，至此终结了遗产之争。

哈同此人很有投机意识，善于根据当时国内的形势，调整自己的经营策略。早期哈同贩卖鸦片，与那些外国财团尤其是贩卖鸦片的财团一起控制、垄断鸦片贸易。据统计，在一些年代（19 世纪 80 年代）哈同与沙逊联手，控制对华鸦片贸易，是十足的大毒枭。由于摄于华人反对鸦片贸易的运动，哈同转身进入房地产，通过大量投资、获利，洗白了鸦片贸易商的身份，成为上海第二大房地产巨头。后哈同转信佛教，在哈同花园里专门兴建了佛堂，出版佛教经义，并开设佛教学校等。哈同不仅获得清朝政府褒奖，辛亥革命后，又多次邀请孙中山等革命团体领导人到家中做客，又获得北洋政府嘉奖，身段如此柔软，称得上是政治变脸术之巨匠。

案例 4 斯文里（东斯文里、西斯文里）

提要：

1. 上海城区百年最大的里弄住宅。

2. 目前能找到的最早的有外国设计师签名图纸的石库门里弄房屋。

3. 建筑承重结构从传统的立帖式向砖木结构转化，采用了大量新型建材，钢筋水泥、平瓦、机制砖、清水墙、进口木材开始普及。

4. 自来水、电灯进幢户，现代设施进入里弄。

5. 采用小户型，租客都为中产阶级、一般职工。

6. 里弄社区式试点规划，建了两个小型商业中心和一批沿街商铺，繁荣了社区经济。

在上海租界新闸路、大田路（原名大通路，因路名重名，后改为大田路），建有上海百年最大的里弄，名为斯文里，分为东西两块，以大田路为界，大田路以西称为西斯文里，大田路以东称为东斯文里。

斯文里土地原为华人所有，1899年，经上海道台批准，以永租形式转让给英国侨民。后几经转让，1914年开始建设西斯文里。由于没有西斯文里的设计资料，只查到东斯文里设计资料，好在东西斯文里是同一个开发商，里弄房屋建设也一模一样，因此，以东斯文里为例来解析斯文里情况。

设计图纸的图签上面写明1916年2月，E.L.EZRA委托Algar & Co.Ltd设计，由陈椿记字施工建设。东斯文里应在1916年开建，开发商为英籍犹太人爱德华·埃兹拉（见图1-13中的签名）。该公司建

图 1-13　斯文里的原始设计图纸

设的里弄小区原以公司命名，为"新康里"，后因种种原因，新康洋行将新康里出售给斯文洋行，改名为"斯文里"。斯文里的规划设计是爱尔德有限公司，原设计图纸上有该洋行老板手写签名：Algar，经同济大学钱宗灏指出，这是一家 1897 年成立的老洋行，爱尔德不仅是洋行老板，也是一个优秀设计师，他为上海留下了一个相当有质量的设计作品。

斯文里分为东西两块，中间夹了一条大通路（后改为大田路）。先建西斯文里，坐落在大通路以西、新闸路以北，主要门牌号为新闸路 638 弄，大通路 463 弄、509 弄、553 弄，占地面积 33.17 亩，始建于 1914 年，有砖木结构二层石库门房屋 249 幢，建筑面积 16843 平方米。后建的东斯文里坐落在大通路以东、新闸路以北，主要门牌号为新闸路 560 弄、620 弄，大田路 464 弄、492 弄、546 弄，石库门房屋 390 幢，建筑面积 28242 平方米。

爱尔德公司在规划小区时，采用了先进的社区设计理念，首先在大通路连接两个居住小区的中心，设计了沿大通路两边的两个对称的小型商业中心，一个为小菜场（一直沿用到 1949 年后），一个不知何时改为工业用途了。以这两个社区商业中心为基础，加上沿街（新闸路、大通路）布置的商铺，整个斯文里居民的开门七件事（即日常最基本需求）米、菜、油、盐、酱、醋、柴基本可以不出小区即可完成，便利了住户生活。其次在两个商业中心的另一侧，布置了南北长长的宽度达到 4 米多的主弄两条，而联排式住房均沿着主弄排列，呈现主弄、支弄动线明确，便于居民行走和识别，在西斯文里小区的西端、东斯文里小区的东端另布置了两条南北走向的道路，使进出小区道路更加便捷畅通。

先建成的西斯文里，共建有东西走向排列的房屋 8 排，弄内最长一排有 25 幢（门牌号）石库门房屋毗连，最短一排也有 18 幢石库门房屋毗连，由于小区北面土地呈东西窄南北宽的形状，也因地制宜布置了东西向排列的房屋 5 排。除了南北向主通道宽约 4 米，每两排联列式房屋之间的通道（又称支弄）宽 3 米多，主弄、支弄布局有序，便于人员往来，当时主要的交通工具——黄包车也进出方便。

图 1-14　斯文里里弄平面布局图

　　后建成的东斯文里，东西方向排列的房屋有 12 排，南北方向排列的房屋有 4 排，除两条南北走向的通道（或称主弄）宽 4 米左右，每两排联列房屋之间的通道（又称支弄）宽 3 米左右，主弄、支弄整齐排列。这种规划是标准的里弄式布局，作为一个有 600 多幢房屋可居住 5000 多人的社区，这种交通组织是很合理的。

　　同时，不论是西斯文里还是东斯文里，在新闸路、大通路沿街都建有上海俗称"市房"的可作为商业店铺之用的建筑物。这种建筑物与石库门房屋有些区别：一是去除了石库门和天井布局，一层客堂直接建在马路边上；二是沿马路不砌墙，大开门，白天敞开做店铺，晚上采用木门板式封闭，俗称"上排门板"，甚至还可以让店员在店铺内居住；三是原有二楼、亭子间、楼梯、晒台等功能不变，店主在二楼、亭子间生活。这种亦商亦住的沿街房屋，上海归类为"市房"，作为一种专门的房屋类型，一直沿用到 20 世纪 70—80 年代，后来改名为沿街商业用房，才不再称为"市房"。这种"市房"，繁荣了斯文里社区的商业，斯文里业主和设计公司设计了大量的"市房"，单是沿新闸路就有超过 50 幢，形成了一个小小的不仅为社区居民服务，也为周边居民甚至企业服务的商业中心。这种布局，使许多小型商业业主、字号在此一楼经商，二楼居住，而斯文里大业主则可取得比较高的租金收益。有资料显示，"市房"租金当年比单纯居住房屋的租金要高出 15%—20%。这种"市房"沿街布局，也成为斯文里的另一个特色。

斯文里居住房屋大多数是单开间的石库门房屋，只有少数在每排联列房屋的边端设计有双开间石库门房屋。其单开间石库门房屋设计如图 1-15。

通过石库门进入，先是一个约 12 平方米的天井，然后是一个约 20 平方米的客堂，走过客堂是楼梯，可上二楼，穿过楼梯是一个通向后门的小天井，约 3 平方米，边上有一个 6 平方米多的灶间（当年设

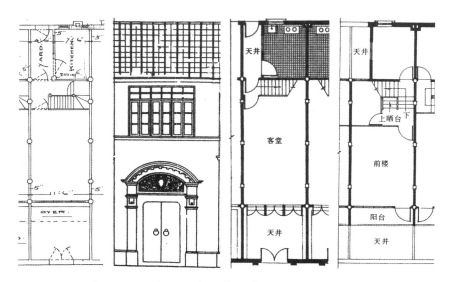

图 1-15　斯文里石库门房屋单开间立面、平面图

计施工时还没有普及煤球炉，还是采用烧木柴等，因此在北面墙上还砌了一个烟囱，可以烧柴火灶头，因而称为灶间）。二楼与一楼大体相同，灶间上面是亭子间，一楼客堂上面是二楼前楼。因为要上晒台（在亭子间上面），因而楼梯占用面积大了一倍，二楼前楼向南在天井上方挑出 0.5 米，因此二楼前楼面积与一楼客堂面积略有不同。总计斯文里典型的一幢单开间石库门房屋建筑面积为 66 平方米（前后天井不计入房屋建筑面积内），同时在每幢房屋内单独布置了当年很先进的自来水、电等设施。

这种设计对一个小型家庭（3—5 人）是比较舒适的居住环境。在 20 世纪 20 年代，不仅对上海，就是对全国中等收入的工薪阶层而言，也是一种较优的居住环境；而这么大规模小区，自来水、电灯等直接进户，在当年上海也是不多见的，反映了设计师先进的设计理念。

再仔细观察，单幢石库门房屋根据图纸上尺寸计算，东西开间超过 3.4 米，南北进深达到 14 米，这种尺寸与上海 20 世纪八九十年代新建的多层居民居住房屋的尺寸十分接近（20 世纪 80 年代，新建住宅南北通透的多层房屋，开间大多为 3.3—3.6 米，进深大多为 11—13 米），可见当年斯文里设计的超前性。单幢石库门房屋底层客堂标高 13 英尺 6 英寸，约 4.05 米，二楼前楼层高 11 英尺，约 3.3 米（不计斜屋面内高度），底层灶间层高 10 英尺，约 3 米，二层亭子间高 9 英尺，约 2.7 米。计算整个小区建筑参数，若以东斯文里（现在可能要保留的区域），容积率 1.165，覆盖率 0.589（此数值是笔者自行计算，原设计图上并没有注明）。显然，这种 100 年前的规划设计很值得研究探讨。

斯文里房屋的结构很难用一句话来描述。设计图中每排联列石库门，东南西北四边围墙均为 10 英寸砖墙，约 25.4 厘米，每排房屋内每幢房的分隔却采用立柱式，在剖面图上，屋面是立帖式五柱屋面，一层、二层之间是木搁栅加木地板，灶间与亭子间之间采用木搁栅与木地板，而亭子间与晒台之间采用钢筋混凝土。整幢房屋结构是"立帖＋砖木＋部分钢筋混凝土"，只能写成多种形式的混合结构。这种结构在上海罕见，可能是从早期立帖式石库门房屋向砖木混凝土结构石库门房屋转变的一种尝试，或创新结构，或是一种过渡形式，这也体现了成熟老牌设计公

图 1-16 斯文里石库门门头　　　　图 1-17 斯文里石库门设计图

司对新的结构探索和追求实用的理念。

斯文里标志性的石库门也很有特色，现在大家都赞美石库门，然而很少见到石库门原始设计图纸，图 1-17 就是外国设计师设计的石库门图。设计图中，外国设计师对石库门做了艺术性处理，不再满足只是三条石块形成一个石库，而是在石库门两边石条外用水泥做了一个门套。在门框上做了一个弧形水泥门楣，在弧形内做了西洋式山花（这种山花式样在国内是不存在的）。很难确定这种装饰是上海或国内首创，但可以确认，有人认为这种带有装饰性石库门就是所谓 At Deco 式风格，在斯文里几百幢石库门上大面积使用，至少可以算是大面积推广。这种带有装饰性风格的石库门设计，大大提升了石库门门面的艺术性和观赏性，在 20 世纪 30 年代前后成为上海中高档石库门里弄房屋的标配了。

斯文里外墙已不是传统中国青砖外加石灰粉刷，而是采用西式的高质量机制砖来砌清水墙，即外墙不再做外粉刷，让机制青砖直接裸露在外。为了增加色彩，还在大面积青砖中间镶嵌红色机制砖作为腰线，这种工艺是典型的欧洲砌墙工艺，从而使砖墙更有艺术性、色彩性。这种红黑色高质量机制砖原先我国并不能生产，直到 20 世纪初，上海和上海周边引进了外国技术的机制窑才得以生产。机制砖以其坚硬、美观、吸水率低而受到关注，斯文里采用机制砖砌墙，虽然没有证据能证明是最早使用机制砖来砌清水墙的小区，但可以确定的是它是最早大规模使用机制砖，并采用红砖镶嵌清水墙。这种清水墙的砌筑法受到市场肯定和推广，以至于成为以后中高档住宅的标准。

斯文里屋面防水也不采用中式传统的黑色蝴蝶小瓦，而是采用西式红色平瓦。这种红色平瓦也是机制窑的产物，而且比机制砖更复杂，价格也比中式蝴蝶小瓦高。斯文里开创性的大面积使用西式平瓦，而这批平瓦背面有上海华大砖瓦厂字样，证明是上海地区企业生产的，质量上乘，经过百年风雨，仍然保持完好。笔者推测斯文里使用的机制砖也可能就是华大砖瓦厂生产的，因为大批量采购，价格更优惠，而且尺寸、颜色趋于一致，对建造房屋有很多好处。

斯文里石库门房屋的北面，一层是灶间，二层是亭子间，亭子间上面是晒台，灶间与亭子间之间是采用木搁栅、木地板，亭子间与晒台之间采用钢筋混凝土。上海在 20 世纪初，石库门北面晒台是采用木结构晒台，即在亭子间斜坡小瓦屋面上，用木材树立在屋面木梁上，上面采用水平木架加造木晒台。而斯文里直接采用钢筋混凝土浇捣水泥平台作为晒台，不论是质量、防火、承重都远比木晒台优质许多。在石库门里弄房屋中大规模使用钢筋混凝土，斯文里也算是最早的。不仅是晒台、石库门使用水泥作为艺术性装饰，在设计图纸中，一楼客堂、一楼后面灶间，都标明用水泥做底层，客堂是在水泥防水层上再铺设木地板，而灶间直接标明使用厚度达 6 英寸（约 15.2 厘米）的水泥地，显然，当年水泥作为新型建筑材料已在斯文里广泛运用了。

斯文里使用的木材也十分讲究，设计图纸上写明楼搁栅、地板所用木材是 OREGON FLOOR，即美国俄勒冈出产的木材，上海当年俗称美国花旗洋松，是质量上乘的建筑木材。斯文里经过百年超负荷使用，至今仍能支撑住房屋，此木材也功不可没。

从小区规划、石库门房屋单幢设计、石库门门面的艺术化处理，到采用高质量的砖瓦木材等，无不反映了爱尔德公司及设计师处处引领先进，追求质量上乘，不愧为上海租界地区最大规模石库门社区的设计师，当然华人营造商陈椿记的施工质量也应另计一功。

链接：斯文里租客运动与业主、设计师

上海自 1880—1930 年，建了大量的旧式里弄（绝大部分是石库门式的旧式里弄），因为当时道契（土地证明文件）是不允许按幢分割出售，房地产开发企业都是以整片房屋出租收取租金来盈利。由于这段时期上海工业、商业、服务业发展迅速，大量外来人口进入上海，迫切需要住房，因而上海房屋呈现供不应求的局面。那些开发商、二房东等坐地起价，不断上涨房租，引起房客不满，上海掀起了"房客联合会"运动，要求房东停止上调房租，斯文里也卷入了这一运动。斯文里刚建成时单开间石库门房屋一幢月租金为 10 银元，由于小区位置较佳，周边交通方便，商业发达，非常吸引人入住，房屋逐渐供不应求了。开发商见机行事，不断上调租金，至 1929 年单开间每幢房屋月租金上涨到 21 银元以上，引起租客不满，斯文里租客组织了"房客联合会"，要求房东停止上涨租金等，运动持续了近一年。也由于该里弄内住了一批记者、文化人，因而在报上连续载文扩大影响，最后形成了《上海新闸路、大通路斯文里第四届房客联合会报告书》（现藏上海市图书馆），详细记录了斯文里房东、房客之间的斗争，从侧面反映了上海当年住房难、房租贵的实况。

斯文里最早是由英商新康洋行所建，爱德华·埃兹拉接过家族企业，于 1892 年在上海成立新康洋行。爱德华·埃兹拉在上海很有名，于 1912 年起连续 7 年担任了上海公共租界工部局董事，在此期间，新康洋行建设了"新康里"也是顺理成章的。后来，新康洋行又在淮海中路近宝庆路处建设了更为著名的"新康花园"，是较早采用里弄布局的花园洋房、公寓式房屋、连体别墅的混合式里弄。后因老板突然去世，加之日军占领上海后接管该洋行，新康洋行衰落下去。然而 20 世纪 50 年

代初资料显示，洋行同业名录中编号 506 英商新康洋行负责人为西·依士拉，注册地在黄浦区九江路 150 号 202 室，说明新康洋行在 1949 年仍存在。

有资料显示，新康洋行在 20 世纪 20 年代末将"新康里"出售给斯文洋行，因而改名为"斯文里"。斯文洋行 1916 年由法国商人斯文（E.E. Shahmoon）创办，后其弟小斯文（S.E. Shahmoon）加入。斯文洋行买入新康里，改名斯文里。由于是法国公司，1942 年日本占领军没有没收该法国洋行财产，只是将原英册道契转立为日册道契，斯文洋行因而保留了财产。抗战胜利后，由美籍太平洋物产公司管理该产业。

爱尔德洋行设计事务发展很快，成为上海著名的设计事务公司，后来被沙逊家族控股，成为沙逊家族旗下公司。

慈厚南北里、东西斯文里都是上海著名的大规模小户型旧式里弄，而虹口区四川北路的南北仁智里虽没有慈厚南北里、东西斯文里那么有名，但也是一个大规模小户型的旧式里弄，南仁智里位于四川北路武进路以南，北仁智里位于四川北路武昌路以北，两个里弄小区中间隔了一条武昌路。

现有各种公开资料显示这两个里弄小区有关数据互相矛盾，差异很大，难以定论。根据谨慎合乎逻辑的分析，两个小区何时开工建设、何时全部竣工均无法判断，两个里弄小区资料大体可以确定为：南仁智里建有二层旧式里弄房屋 207 幢，建筑面积约 16600 平方米，试着测算，每幢房屋面积约 80 平方米左右；北仁智里建有二层旧式里弄房屋 268 幢，建筑面积约 17200 平方米，每幢房屋面积约 65 平方米左右。这些数据与慈厚南北里、东西斯文里有些相似，比较可信。虽然这个小区的建造商、开工、竣工年份及其他有关数据尚不能完全确认，但也证明这种大规模小户型旧式里弄在当年是一种趋势，反映了当时上海租界房地产开发和上海市民的住房状况。

图 1-18　南北仁智里平面图

表 1-4　1900—1925 年前大规模旧式里弄不完全统计

住宅名称	住宅类型	建造年份（年）	建筑结构	幢数	建筑面积（m²）	地　　址
瑞福里	石库门里弄	1917		94	9917	延安东路与宁海东路之间
鸿福里	旧式里弄	1921	砖木二层	140	14029	新闸路 66 弄
祥康里	石库门里弄	1924	混合二、三层	121	13267	新昌路 87、119 弄
慈厚北里	石库门里弄	1910	砖木二层	135	15884	安义路 20、38、48 弄
慈厚南里	石库门里弄	1910	砖木二层	203	21733	延安中路 1238 弄
荣庆里	旧式里弄	1911	砖木二层	143	9420	万航渡路 653、671 弄
忻康里	旧式里弄	1912	砖木二层	184	17979	康定路 1497 弄
高家宅	旧式里弄	1912	砖木一、三层	174	11511	万航渡路 683、747、767 弄
崇安里东西	旧式里弄	1912	砖木二层	108	8819	海防路 302、324 弄
蒋家巷	旧式里弄	1912	砖木一、二层	87	8166	江宁路 685 弄
和丰里	旧式里弄	1914	砖木二层	120	6841	长寿路 891 弄
西斯文里	石库门里弄	1914	砖木二层	249	16843	新闸路 638 弄、大通路 463、509、553 弄
郑家巷	旧式里弄	1916	砖木一层	112	13800	江宁路 194 弄、泰兴路 383 弄
东斯文里	石库门里弄	1918	砖木二层	390	28242	新闸路 568、620 弄
张家花园	旧式里弄	1918	砖木二层	107	35186	威海路 590 弄
西文德里	旧式里弄	1920	砖木平房、二层	103	3668	昌化路 420 弄

住宅名称	住宅类型	建造年份（年）	建筑结构	幢数	建筑面积（m²）	地 址
嘉和里	旧式里弄	1923	砖木二层	81	5701	常德路 81 弄及 77—93 号
三庆里	石库门里弄	1911	砖木二层	80	6289	顺昌路 180、206 弄
康里	石库门里弄	1913	砖木二层	120	11952	淮海中路 315 弄
吴兴里	旧式里弄	1914	砖木二层	82	7714	黄陂南路 300—310 弄
南永吉里	旧式里弄	1922	砖木二层	114	10145	兴业路 205 弄
天和里	石库门里弄	1922	砖木二层	104	16656	自忠路 239 弄
北仁智里	石库门里弄	1910	砖木二层	268	9000	武昌路 448 弄
西泰华里	旧式里弄	1905	砖木二层	110	7900	塘沽路 673 弄
南仁智里	石库门里弄	1910	砖木二层	207	12000	四川北路 54—276 弄
恒丰里	石库门里弄	1905	砖木假三层	93	14040	山阴路 69、85 弄
桃源坊	旧式里弄	1910	砖木二层	236	25516	天潼路 546 弄
新庆里	旧式里弄	1910	砖木二层	170	15800	武昌路 409 弄
南北丰乐里	旧式里弄	1916	砖木二层	108	9000	四川北路 1999 弄
义丰里	旧式里弄	1920	砖木二层	98	8200	吴淞路 332 弄
猛将弄	旧式里弄	1920	砖木二层	122	8927	吴淞路 407 弄
东德兴里	石库门里弄	1924	砖木二层	149	12000	塘沽路 540—594 弄
孝友里	石库门里弄	1908	砖木二层	171	16100	衡山路 964 弄
南高寿里	石库门里弄	1912	砖木二层	85	8868	海宁路 942 弄
德安里	石库门里弄	1922	砖木二层	280	26802	北苏州路 520 弄
鼎和里	石库门里弄	1905	砖木二层	91	5164	杨树浦路 403 弄
新康里	石库门里弄	1914	砖木二层	283	23200	扬州路 208 弄

住宅名称	住宅类型	建造年份（年）	建筑结构	幢数	建筑面积（m²）	地址
振声里	旧式里弄	1916	砖木二层	84	8064	海州路 165 弄
惟兴里	旧式里弄	1920	砖木二层	206	15500	通北路 157、171 弄
义德里	旧式里弄	1922	砖木二层	81	6836	杨树浦路 2639 弄
寿品里	石库门里弄	1923	砖木二层	158	15600	长阳路 446 弄

三、舒适型旧式里弄住宅

到 20 世纪初，上海已建成超过 500 万平方米的旧式里弄，上海租界的华人里弄住宅蔚为壮观，然而这些都是立帖式住房，其式样、使用建材仍显旧式，而且因为使用年份较长，有些房屋已显破旧，失去了原来的光鲜。

此时，上海已是全国最大的工业、商业、物贸进出口城市，城市人口数量全国排名第一，世界排名前五的大都市。经济发展致使高素质、高收入家庭云集上海，上海居民呈现了五六个不同的收入阶层。这种全新的较高收入的中产阶级在以前社会中人数很少，只有买办阶层属于这个阶层，而现在大型外资企业中的华人中高层管理人员、国内外金融企业的高管、中小型华人企业家、新型新闻文化单位的高级管理人员、文艺从业人员中的佼佼者、大学教授、大中学校负责人、海归高级知识分子等，这些历史上从未有过的中高收入人群、家庭集中上海，都对住房条件、住房质量提出了新的要求。然而他们在当时的上海选择的余地并不大，西洋式花园洋房、中式几百平方米的大宅因租金高昂超过他们的租住能力，而那些小型里弄住宅只有 60—80 平方米，也显得局促不够，再说这些小户型里弄住宅周边邻居与他们的身份匹配也不理想，他们希望有新的面积在 150—300 平方米，与以前中式住宅不同的更先进的住房出现。

于是舒适性较高的里弄（旧式）横空出世，弥补了这一市场空缺。

由于当时工部局对审批房屋建筑执照越来越严格，要求越来越高，原有的那些中式房屋建房标准和使用建材受到挑战。然而上海经济飞速发展，吸引了世界上许多国家的设计师、建筑师云集上海，大显身手（20世纪20年代前，并没有华人设计师出现，只有一些跟随外国设计师学习工作的所谓"打样间"出身的设计师，而他们设计的房屋在工部局审批时会被质疑）。原先这些外国建筑师、设计师只为外国企业设计办公楼、住宅，这时也应外国开发商、中国开发商邀请进入华人住房设计建造领域，斯文里设计就是最好的例证。这些外国设计师、建筑师将外国先进设计、建造理念带入华人住房设计中，因而带来了全新的设计思想和建筑理念，使上海新的住房建设标准上了一个新台阶。

为了延续华人的居住习惯，里弄住宅成为首选。里弄内通行道路宽度增加，适应了汽车通行要求。同时，抛弃了立帖式木结构、外墙半砖式围护和石灰粉刷，以及中式屋面小瓦等，但保留石库门、华人熟悉的内部空间等元素，将外国房屋设计中如结构、承重、屋面、外墙等新概念全面融入上海里弄住宅之中，使这种新设计的里弄住宅，走上了科学、实用、美观的轨道。

外国设计师还将外国常用的建筑材料如高质量机制砖、屋面上的机制平瓦、水泥、钢筋、外国洋松等，大量先进施工工艺如清水墙、室内装修、外部艺术装饰、室内楼梯、门窗，甚至五金件等都带进里弄住宅建设。这种引入不仅使住房外观有了全新的观感，对房屋质量也有了划时代的提高。施工工艺的改革和按图施工（当年已有了详细的用英尺标注尺寸的施工图），更使上海当时的建筑工人迅速掌握外国建材、外国尺寸标准和质量要求，使建筑行业迅速与世界先进水平接轨，也为上海能留下众多近代历史优秀建筑打下了坚实的基础。

同时，随着外国建筑资料、建筑材料进入上海，外国设计师在上海租界大量承担设计任务（在20世纪初，并无华人设计师出现），逐步引进了外国设计思想和建筑理念，这也对上海租界内华人里弄住宅产生了一系列影响。

归纳起来，这时的里弄住宅产生了一系列变化：

第一，里弄住宅建设有了准确的外国设计师、工程师设计的图纸，这不仅符合公共租界工部局的要求，也使房屋设计、质量走上了科学发展的轨道。

第二，外国的房屋设计如结构、承重、屋面、外墙等新式概念进入上海里弄住宅，不仅科学，而且实用，以至于从此建设的里弄住宅，有的历经百年依然可正常使用。

第三，外国设计师、工程师在设计房屋中，引进了先进的建筑材料，如外国优秀木材（尤其是美国洋松）；机制砖，实现了机制砖在我国（尤其是在上海周边地区）的生产和使用，导致了清水墙的出现；屋面平瓦，改变了屋面的重量和颜色；外国的建筑小五金件，还使水泥在里弄住宅中广泛使用。这些建材的使用和推广，直接导致房屋质量大幅上升。而且这种建材使用和施工图纸的详细标注尺寸，不仅使建筑物更准确细致，还使上海当年的建筑工人（基本是上海周边人员）迅速掌握了外国尺寸标准和换算，使这个行业迅速与世界（主要是英国）接了轨。

第四，外国设计师、工程师在设计华人里弄住宅，也不忘加上外国建筑元素，尤其是装饰性元素，使里弄住宅更具美观性，辨别性也更强，特别是在石库门的门头上，两边设计更多装饰物，开创了里弄住宅外表装饰的先河。

案例 5　福康里

提要：

1. 福康里里弄住宅建于 1925—1935 年之间，属于新一代旧式里弄。

2. 此里弄住宅按建筑结构分类属于一级旧里，其承重结构为砖墙木梁，承重砖墙厚度为 15 英寸（约 38 厘米），屋顶则采用西式豪式屋架和机制平瓦，属上乘砖木结构房屋。

3. 住宅内部空间布局既不是兴仁里那样超大户型，以接纳整个家族居住，也不是慈厚里、斯文里那样小户型，而是采用二开间、三开间户型，每幢面积在 150—300 平方米，而且注重外墙装饰、内部装修，是一种典型的舒适性旧式里弄。

　　4. 为了适应中高收入华人要求，此类里弄总弄宽度较大，达到 7 米，已经可以进出汽车，这与早期旧式里弄狭窄通道有很大的区别。

　　福康里位于今新闸路 906 弄（900—918 号），占地面积 8520 平方米，建有砖木结构两层石库门房屋 55 幢，建筑面积 9659 平方米，其中 1917 年开始买地建房，先建造 28 幢，后又续建 27 幢。

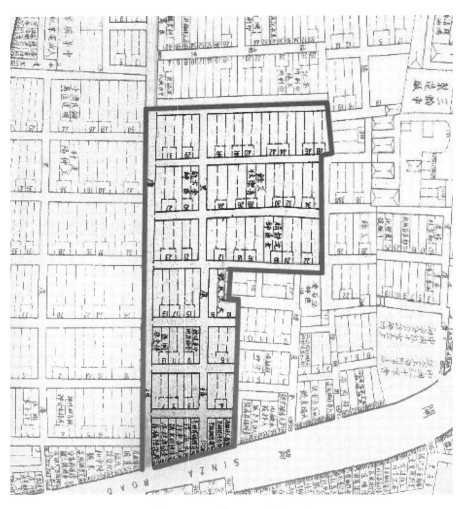

图 1-19　福康里里弄平面图

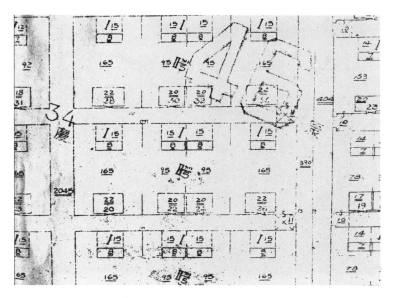

图 1-20　福康里分幢平面图

　　福康里是具有代表性和独特性的中晚期石库门里弄房屋，总体布局为两条南北主弄，东面一条宽约 3.5 米，西面一条宽约 7 米，可以供汽车进出，以前地图上称"福康路"。东西支弄七条宽约 3 米，组成一个里弄内的交通体系，还在 12 个支弄口上方建有拱圈，形成独特的景致，是其特色之一。

　　弄内建筑面积最小为 166 平方米（76×2+14），外加 17 平方米前天井，7 平方米后天井，组成一个占地面积 114 平方米的二开间典型石库门房屋。靠里弄西面房屋面积较大，二开间大体在 200 平方米（93×2+14）；三开间在 320 平方米，一层 167 平方米，二层 153 平方米，客堂开间近 4 米，两边厢房开间大于 3 米，外加前天井 20 平方米，后天井 7 平方米，北面一层的厨房间达到 14 平方米，这种空间布局可以称为当年里弄房屋的豪宅了。

　　福康里房屋是砖木结构，已完全不同于以前的立帖式木结构，采用砖墙承重。图上标明该房为一级砖木结构，即承重墙与外围墙为 15 英寸（约 38.1 厘米），内部分隔墙为 10 英寸（约 25.4 厘米），厨房、亭子间屋顶均用钢筋水泥浇捣，室内采用泥缦平顶，底层客堂有花砖铺地，属

图 1-21　福康里支弄弄口　　图 1-22　福康里弄口拱圈

砖木结构房屋中最高等级。屋顶上是红色平瓦，外露墙面仍是青砖加镶嵌"红砖腰线"的清水墙，无论是总弄宽度、房屋面积还是内部装修、天井大小，都较以前的里弄房屋有很大变化。

　　由于福康里的独特布局，在 20 世纪末 21 世纪初成街坊旧区改造中，虽然福康里被拆除了，但新建的小区称为"新福康里"，还专门建了一些拱券，作为保留福康里的元素而让人回味。

链接：高质量石库门旧式里弄

　　类似福康里这种比较完善和高质量的石库门旧式里弄，在 20 世纪 20 年代中期至 30 年代中期，上海租界（甚至华界）建造了一大批。例如福康里边上的赓庆里，又如福康里北面武定路上的紫阳里。这种高质量但又以旧式石库门里弄面目出现的住宅，反映了上海在里弄住宅建筑水平的提高。建筑物结构均采用砖木结构，即由砖墙来承重，不再使用木结构承重，屋面普遍采用西式的豪式木结构屋架，上盖平瓦，不再采用中式桁条、屋面加中式小瓦的形式了。同时反映了在建筑材料上的进步，如采用进口的美国松木、高等级的机制砖砌筑清水墙、花地砖铺设客堂的地面，以及全新式（有些是全铜制）的五金件等。

这种房屋除了里弄布局和房屋内部格局是中式的，其他基本与国外先进的住宅可以比肩。可以说，上海租界（还包括一部分华界）的这种里弄房屋已经从建筑设计、建筑施工等方面大踏步地追赶当时世界住宅水平，而建筑工人的工艺水平也达到了很高水准，即使在今天，要达到这种建筑技术、工艺水平也是有一定难度的。

案例 6 尚贤坊

提要：

1. 尚贤坊是上海教会与房产公司联手开发的旧式里弄，由于其地理位置绝佳，建筑风格优秀，成为上海比较著名的里弄住宅。

2. 该里弄在地图上标名为"尚贤里"，但在弄口墙上采用"尚贤坊"的里弄名称，也算别具一格，后来有一大批里弄以"坊"为名。

3. 尚贤坊是砖木结构的三层石库门里弄房屋，这是法租界的特色，在公共租界中式房屋只能建两层，不能建三层，而法租界是以楼高为控制目标，即楼高不超过11.5米，因而在法租界可以看到很多三层的旧式里弄住宅。

4. 尚贤坊虽然采用中式里弄方案，但其房屋外形、装饰已全部西洋化了，可以称为"西式外貌中式内容"，这种设计既能满足外籍人士的审美观念，又能符合华人对内部功能的认可。外墙采用全红机制清水墙，外加水泥勒脚，并在门框、窗框上加花式线脚，艺术感十足。

5. 当年是世盛公司与教会签订"租地造屋到期屋归地主"协议，建造尚贤坊的。

尚贤坊是典型的上海舒适型旧式石库门里弄，地址位于今淮海中路

358 弄，北接金陵西路，南临淮海中路，东起马当路，西迄淡水路，占地面积为 6120 平方米，总建筑面积为 10180 平方米（也有称 9720 平方米）。尚贤坊始建于 1924 年（也有称 1922 年），原来土地是教会尚贤堂所有，由于种种原因，教会衰败，尚贤堂破落，于是原教会的土地一分为二，一块地将原有房屋改建成医院，并从北面开门进入；另一块地靠近淮海路的大花园土地与世盛公司签署租地造屋，租期 30 年，期满屋归地主（即教会）。这种模式有利于地主和建房两方，地主方可以不投资，每年收取少量租金，到期可拿到一大笔房产，而建房方可以不买土地，只承担建房费用，而建房费用只有土地价格的五分之一左右，借助高额房租迅速回本和赚钱。这种"租地造屋，规定年限到期屋归地主"的形式，在当年的上海非常流行，最著名的南京路上永安公司，也是与大地主哈同签订"租地造屋"合同，到期屋归地主。

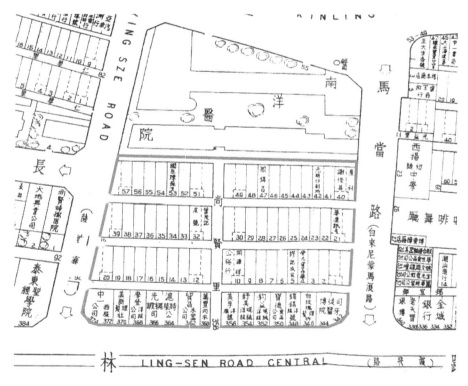

图 1-23　尚贤坊里弄平面图

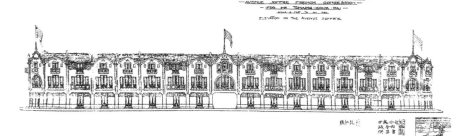

图 1-24　尚贤坊原始设计图纸

里弄内南北向主弄正对淮海中路，弄内有东西向三条支弄，呈"丰"字形布局。主弄宽度超过 5 米可以通行汽车，入口之上是俗称过街楼的骑楼。法国人比英国人更追求建筑艺术造型，法租界规定主要大马路沿街的房屋一律要设计为西式装饰，而里弄内可以中式装修，因此尚贤坊沿淮海路建筑立面为西班牙巴洛克式的风格，有竖向牌匾书楷体"尚贤坊"；支弄弄口装饰有拱圈和跨巷的骑楼，砖混结构，外立面也有简化的巴洛克装饰。

尚贤坊原有 71 幢砖木混合结构的住宅，呈联排式布局，其中沿街部分均为三层（因为是法租界，不受公共租界中式房屋只能建两层的规定），立面呈对称布局，有简化的巴洛克装饰。底层商铺，二层以上为清水红砖外墙，红砖壁柱，顶部竖方尖碑，弧形山墙饰多道线脚，檐下有简化的涡纹。弄内为两层石库门房屋，共 4 排联排式房屋，每排两端每幢为二开间，中间则为单开间，全部朝南，清水红砖外墙，底层半层做水泥仿石饰面，下接勒脚，转角处做弧形处理。

打开石库门大门，首先是天井，通过落地木长窗便是客堂，后面是灶披间（厨房），楼上是前楼，若是尽端单元则侧边还有前后厢房。厨房上面是亭子间，再上面便是露天晒台。这是一种典型的石库门里弄房屋的布局。尚贤坊在建筑用材、房屋立面、屋内扶梯上采用了较多的西洋装饰元素，如线脚、花纹等。

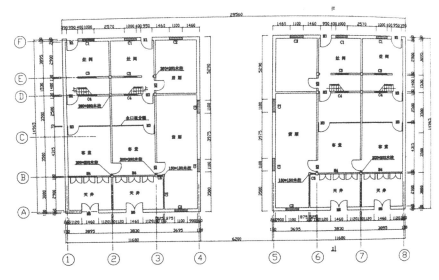

图 1-25　尚贤坊房屋平面图

　　据最早入住的老居民回忆，20世纪30年代初，弄内整洁宁静，总弄停着私家轿车和私人包车，总弄与支弄都装有大铁门，支弄铁门常年关闭，非特殊情况不开启；弄口有两名山东籍员工管理，因与法国兵营及后来的法租界公董局相对，弄口还设有霞飞捕房的暗哨，两名包打听

图 1-26　尚贤坊沿街房屋

图 1-27　尚贤坊弄口

天天流动值班，给人一种特别的安全感。尚贤坊的设计尽管求新求实，但20世纪二三十年代上海城市发展实在太快了，卫生、燃气、庭园等设施的配套，使里弄住宅建筑迅速提档升级，尚贤坊很快显得落伍了，在霞飞路上，只能算是中档住宅。

然而，能独家独幢顶租入住的也须是殷实人家。所以，抗战前的尚贤坊居民主要是中小工商业者、洋行或银行的中高级职员、事业小成的文化人与自由职业者，特别是文化人尤为集中，其中也不乏颇为知名度的人物，如郁达夫与王映霞夫妇、赵丹与叶露茜夫妇、"金嗓子"周璇，还有创造社的章克标和方光焘。

链接：尚贤坊

尚贤坊的前身是尚贤堂的大花园。尚贤堂是美国基督教长老会的一个宗教文化团体，宗旨是"联络中外，协和万邦"。与其他教会不同，尚贤堂不是一个单纯的教堂，其英文意为"中国国际学会"，其宣传的理论不仅信仰耶稣，还尊崇中国的孔子，致力于西方教会文化与中国封建文化的融合。

中国国际学会于1897年由英国长老会教士李佳白在得到李鸿章等清朝权贵及英、美在北京外交使团支持后在北京建立，但毁于北京义和团时期。1903年，李佳白在上海重建尚贤堂，于西江路（今淮海中路）、狼山路（今马当路）西北建成新堂。堂舍沿北长浜（今金陵西路）布局，坐北朝南，是一幢外形美观的假三层建筑，红色瓦顶，红砖外墙，楼前是巨大的花园，小径、草坪、树木、花卉错落有致，布局典雅，正门开在西江路上。大概是体现"耶稣加孔子"的精神，基地东北角上原有的一座许氏贞节牌坊仍然保留着。为了扩大影响，堂内办有学校、医院、藏书室，还为官方或有影响的社团组织提供活动场所。李佳白与地方官员、各国领事、租界当局和盛宣怀等中外各界名人往来密切，堂舍与大花园很快成为上海一处重要的公共活动场所，不少颇具历史影响的活动在这里举行。

　　1917 年第一次世界大战期间，中国政府决定参战，支持英、美、法等国，李佳白坚决反对中国参战，受到在华大多数外籍人士的排斥，被逐渐边缘化。后在英、美、法驻中国公使的要求下，中国政府将李佳白驱逐出境，中国国际学会也停办，土地荒芜。后外国教会与房地产公司合作，将该地块改成住房开发，用"尚贤坊"命名，于 1921—1924 年建成。

案例 7　建业里

提要：

　　1. 建业里是 20 世纪 30 年代很有影响的一条石库门里弄，它的规划、建筑都很有特色。

　　2. 建业里有 3 条南北向的主弄，有 6 条东西向的支弄，主弄宽敞可以通行小汽车，而且在两条主弄之间建了一个几百平方米的小广场，供居民休闲、小孩玩耍，这也是与其他石库门里弄不同之处。

　　3. 建业里房屋主要租客是中高收入的中产阶层，单开间石库门每幢有四五间房间，双开间更多。1931 年开始出租，单开间石库门每幢每月租金 35 银元，双开间每月租金 80 银元，比之当年公共租界的石库门里弄房屋，其租金高了不少。

　　建业里（建国西路 440—496 弄）位于建国西路与岳阳路交角处，建造于 1930 年至 1938 年。建国西路 440、450、496 弄，又称东弄、中弄、西弄，由法商万国储蓄会所属中国建业地产公司投资建造，因此命名为"建业里"。

　　建业里虽有三弄，但建筑风格一致，分为 22 排，共 260 幢，占地约 17894 平方米，建筑总面积为 23272 平方米，红砖坡顶，联排合体，是上海现存最大规模的石库门里弄建筑群。全里弄均为二、三层砖木结构，与周边花园洋房相比，这样的建筑容积率已经很高，是提供给中产阶层市民的一种住宅。

　　建业里首期建造于 1930 年，当时市面繁荣，房地产业膨胀，建业东里、中里很快出租一空。公司不断向西买地，谋划扩建，于是便有

图 1-28　建业里里弄平面图

1938 年建业西里的二期建造。当时，八一三淞沪抗战已经爆发，日军忌惮英、美、法等国的军事实力，不敢马上占领法租界、公共租界。大量难民携资涌入租界之后，人口剧增，买卖畅旺，就业、消费更加提升，史称"孤岛繁荣"。

建业西里在战火硝烟中建造，建筑标准反而更高。房屋间距放大，楼层加至三层，墙体厚实，钢窗新颖，马头墙俨然。除了为中产家庭提供单开间的石库门房屋，还设计了不少二开间门户，出租给殷实人家。如果说建业东里还处于传统石库门格局的话，建业西里已经接近新式里弄标准。

总弄入口位于中弄，中弄由 7 排二层联排房屋组成，沿马路的 3 排皆为"上宅下铺"形式，取消了南面的天井，前两排房屋布局是建业里特有的"镜像对称"，即沿街第一排和面向弄内小广场的第二排互相背靠背布置。

穿过总弄入口的过街楼，就是弄内的小广场，这儿曾是里弄的活动中心，也是生活中心。广场两侧房屋的底层为商铺，其中单开间店铺 24 间，双开间店铺 4 间。开设有小菜场、老虎灶、点心店、肉铺、粮店、煤球店、食品店、小百货店和理发店等，它们与沿马路的店面房屋 12 间，构成了建业里方便的公共生活配套设施。

小广场的东侧是建业里东弄，由 7 排二层联排房屋组成，以单开间为主。支弄与主弄间有砖砌半圆拱券门洞相隔。西侧是建业里西弄，由 6 排二至三层的联排里弄组成，每排房屋除东端是双开间，其余均为单开间。西弄与中弄之间以长达 110 米的连续山墙隔开，支弄口以过街楼形式与主弄相连接。

清水红砖、马头风火墙、半圆拱券门洞构成建业里鲜明的建筑特色。房屋的外墙用清水红砖间以水泥墙面粉刷，竖线条红白分明，混凝土屋

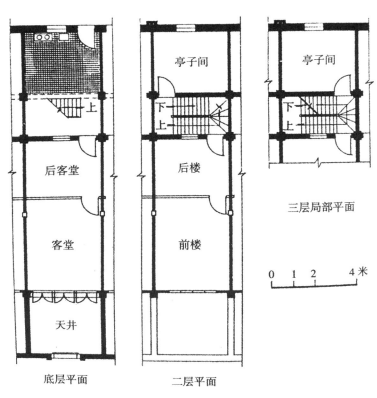

图 1-29　建业里房屋平面图

檐和门楣突出在外，横线条粗犷清晰。黑漆大门、门楣三角形饰以花纹，面向天井的客堂有中国传统的木质落地长窗。

弄内，各支弄与总弄及小广场之间均以造型优美的半圆拱圈门洞作为过渡，既增加了建筑的美感，又提供了区域间隔。

西弄的东山墙自总弄入口的过街楼起，一直延续到北面岳阳路200弄，总长110米，共计6组，排列了颇具特色的"马头山墙"，它成为建业里最大的特色。在墙的顶端敷有红色的西班牙筒瓦，整体跌落如同中国传统阶梯状的马头墙、风火墙，另外在每级末端还有一个微微上翘的马头跷脚。

西弄在面向小广场的徽派风格的马头墙顶端，可以看到一圆形标记，上面有"F""I""C"三个字符，这是"中国建业地产公司"的缩写LOGO，下面的圆形标记，大概是万国储蓄会的LOGO标记，可见中西合璧的浓郁味道。

1955年10月，上海市房地产局全盘接收了建业里，建业里成为公房资产。由于住户和人口不断增加，建业里和全市情况一样，日益呈现"七十二家房客"现象。2002年，徐房集团专门组建了波特曼建业里房地产公司，从事改造项目。至2005年，弄内居民全部动迁，原东、中里两片老建筑群按原样修复重建，西里地块的老建筑群修复改造，基本

图1-30　建业里东弄

图1-31　建业里西弄

保持了历史原貌。现在的建业里，是新加坡嘉佩乐酒店集团管理的别墅型高档酒店。建业里从居民居住功能转为酒店商业功能，开创了一种城市更新的新模式。

链接：建业公司与法商万国储蓄会

法商万国储蓄会创业于民国元年（1912年9月），由法国人郭亭、范诺等人发起，经法国政府认可注册，法国驻沪领事批准开办，后又吸收华人虞洽卿、席锡藩为公司董事。万国储蓄会是以发售有奖储蓄会单，吸收市民的资金来投机发财，因而入会储蓄者逐年增多，民国二年（1913年）只有121户会员，民国八年（1919年）达8000余户，到民国二十三年（1934年）增至131800户，储蓄存款高达6500万元。万国储蓄会每年提出36万元作为奖金，大力宣传有奖储蓄，成为上海资金大户。至民国二十三年，共拥有房产27余处，其中有公寓、大楼、里弄房屋等，如现今的衡山宾馆、淮海公寓、建国公寓、培文公寓均是其资产。万国储蓄会还在民国九年（1920年）投资成立了一个形式上独立的法商中国建业公司。

法商中国建业公司成立于民国九年十二月，是由法商万国储蓄会投资，在上海法国总领事署注册为股份有限公司，总公司设立在上海。

公司开办时，资本额为20万银两，分作2000股，万国储蓄会独占768股，其余大部分股份为万国储蓄会董事、股东或职工所认购。后于民国十四（1925年）、十七（1928年）、十八（1929年）、二十一年（1932年）多次增资扩股，同时还发行公司债，以取得巨资开发房地产，最高时抵押贷款额达到111.5万银两。由于大规模投资房地产业，至民国二十三年共有大小房地产业30余处，至1949年仍有10多万平方米建筑面积，成为法商最大房地产公司。

据不完全统计，建业公司成立后，在上海法租界新建房地产中占有20%多的份额，而其中80%的房屋是各种旧式（即无卫生设备）、新式（即有卫生设备）的里弄房屋，是法租界最重要的开发建设者。

上海解放后，1954年对建业公司实行监管，以后逐步清算接管。

表 1-5　1900 年后舒适型旧式里弄住宅不完全统计

住宅名称	住宅类型	建造年代（年）	建筑结构	幢数	建筑面积（m²）	地　址
仁济里	旧式里弄	1925	砖木二层	52	8476	新闸路 433 弄
清和坊	石库门里弄	1927		58	17102	浙江中路 108、118、128 弄
尊德里	石库门里弄	1928	砖混二、三层	138	27020	厦门路 136 弄
衍庆里	旧式里弄	1929	砖木二层	74	12714	厦门路 230 弄
福康里	旧式里弄	1925	砖木二层	55	9659	新闸路 906 弄及 900—918 号
张家花园	旧式里弄	1918	砖木二层	107	35186	威海路 590 弄
赓庆里	旧式里弄	1920	砖木二层	68	15304	新闸路 944 弄及 924—966 号
鸿庆里	旧式里弄	1923	砖木二层	75	17535	泰兴路 481 弄
多福里	石库门里弄	1930	砖木二层	66	12642	延安中路 504 弄
采寿里	旧式里弄	1936 年前	砖木三层	25	4029	巨鹿路 383 弄
成裕里	旧式里弄	1923	砖木三层	41	9095	复兴中路 221 弄
尚贤坊		1924	砖木二、三层	71	10180	淮海中路 358 弄
慈寿里	旧式里弄	1925	砖木二、三层	23	4750	淡水路 223、225、229 弄
大华里	旧式里弄	1929	砖木三层	36	6008	自忠路 37 弄

住宅名称	住宅类型	建造年代（年）	建筑结构	幢数	建筑面积（m²）	地　址
赓裕里	旧式里弄	1929	砖木三层	30	6313	太仓路 239 弄
桂福里	旧式里弄	1929	砖木三层	22	3868	顺昌路 135 弄
恒庆里	旧式里弄	1927	砖木三层	24	16954	徐家汇路 144 弄
厚德里	旧式里弄	1936	混合三层	24	4076	寿宁路 94 弄
景安里	旧式里弄	1921	砖木二层	28	4732	济南路 185 弄
康福里	旧式里弄	1916	砖木二层	43	10496	淮海中路 271 弄
培福里	旧式里弄	1927	砖木二、三层	36	5922	崇德路 91 弄
沈家浜	旧式里弄	1935	砖木二、三层	54	16640	陕西南路 271 弄
裕安里	旧式里弄	1930	砖木三层	23	3788	望亭路 104 弄
天和里	石库门里弄	1922	砖木二层	104	16656	自忠路 239 弄
辑五坊	旧式里弄	1925	砖木二层	61	9840	自忠路 210 弄
荫余里	旧式里弄	1930	砖木二层	62	12929	柳林路 10 弄
孝和里	旧式里弄	1932	砖木三、四层	83	13859	金陵西路 23 弄
平凉村	旧式里弄	1920	砖木三层	78	12647	榆林路 114 弄
四川里	石库门里弄	1922	砖木二层	61	9940	四川北路 1604 弄
宝华里	旧式里弄	1929	砖木三层	94	16000	东长治路 573 弄
建业里	石库门里弄	1930	砖木三层	260	23272	建国西路 440、450、496 弄

据不完全统计，在 1949 年以前，上海近 60% 人口居住在这种旧式里弄住宅内，是上海最大的市民居住形态，因而老上海家庭大多有旧式里弄的记忆。而在旧式里弄中，石库门里弄住宅又占了绝大多数，石库门里弄住宅也就成为上海老一代市民的不能忘却的情感。这种从 19 世纪 60 年代开始建设的石库门里弄住宅在全国并不多见（资料显示，这种石

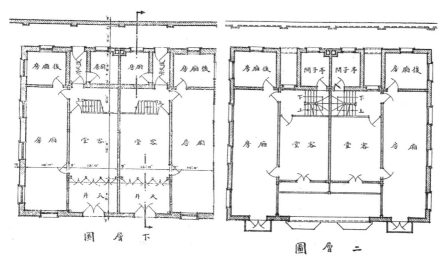

图 1-32　石库门房屋的一、二层平面图

库门住宅在汉口、天津等部分外国租界里也有出现），可见这种石库门式
建筑大多为英、法等欧洲开发商始建，而后华人开发商模仿跟进的一种
建筑形式，是国内建筑的一种特例，从而引起建筑界的关注和研究。邻
国日本也十分注意这种建筑样式，并对其进行研究，图 1-32、1-33 就是
日本人对典型（舒适性）石库门房屋实测图。日本人比国人更关心这类
建筑，令人意外，日本人在上海建的住宅，几乎没有这种石库门形式，
也是一个不解之谜。

　　图 1-33 左下角写有"宫川稻一"的字样，显然是日本人绘制的图纸
人。此人为何人，为何认真绘制了当时经典的石库门房屋，不得而知。

　　应当承认，旧式里弄对上海发展和进步起了很大作用，首先，让上
海从一个小县城成长为大都市，几十万（1880 年后达到 60 万以上）、上
百万（1900 年后达到百万人口以上）来自世界各国、全国各地的人进入
上海，如何安家，如何居住实在是一个大问题，而旧式里弄的出现，解
决了一半以上的上海居民居住问题，使城市得以安定发展。其次，外资、
外商借助开发房地产业，使得银行金融、房屋设计、建设行业兴旺起来，
而外资、外商房地产企业靠着买卖土地、建房、出租等多了一个很赚钱
的行业，使原来靠贩卖鸦片的大毒枭们纷纷进入房地产产业，摇身一变

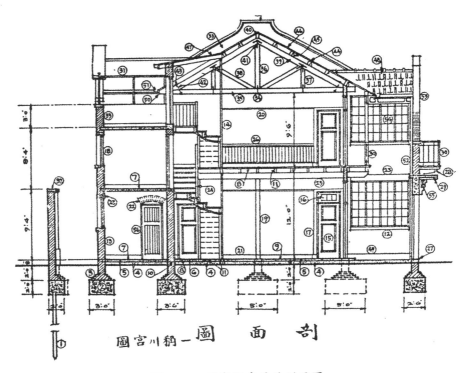

图 1-33　石库门房屋的剖面图

成为城市建设者和华人居民安家居住的提供方，并发财致富成为上海巨商。这种房地产业态也影响了华人资本家，华商房地产公司也纷纷成立。华资银行积极跟进，形成庞大的华商房地产群体和利益链。由于里弄住宅居住密度大、人口多，又影响了整个上海租界商业和消费市场，成为全国最大的消费中心和消费品生产中心，使消费品、时尚产品从上海走向全国。而以外贸、进出口开埠的上海，不仅外贸进出口做得有声有色，借助《马关条约》有关约定，大量外资、中资企业在上海开业生产，尤其是纺织业、轻工业兴旺发展，使上海成为全国纺织业、轻工业的半壁江山。

　　上海城市人口剧增，里弄住宅遍地开花，又促进了上海城市化的发展，使上海供电、供水不仅走在全国前列，而且在世界城市中也名列前茅。同样，城市交通、道路建设、地下管线排布等新式城市基础设施建设也应运而生，这些都从客观上为上海带来了实实在在的发展和进步。

第二章　新式里弄住宅

　　20世纪20年代上海出现了一种新的里弄住宅，为了区别以前的里弄住宅，将这种新的里弄住宅称为"新式里弄"住宅。"新式里弄"一词，难以考证出于何时何处，最初像是报刊上宣传广告语，意在与以前的里弄住宅不同，以突出"新式里弄"的优势。以后约定俗成将"新式里弄"列为一种住宅标准，即带有卫生设备的里弄住宅。1949年以后，上海市房地局在统计归类住宅体系时，将"新式里弄"列为住宅的五种主要形态之一。

　　原有"旧式里弄"没有卫生设备，只要在房屋内一个角落安放木制马桶，几面围上（甚至只要用布帏围上），每日需倒马桶、清洗马桶，但安装设计比较简单。而安装卫生设备后，就复杂多了，一套卫生设备包括抽水马桶、浴缸、洗脸盆等，需要占用4平方米以上空间，不仅要有上水、下水、污水管道，还要有明窗（用于开窗通气）等，这一系列要求对设计、施工都带来了额外难度，而且整个里弄小区要有污水排放管道，还要接入城市市政管网、建造污水处理厂等，这对城市基础设施提出了新的要求，是一个系统工程，不是一个里弄小区可以解决的。

　　能否普及卫生设备，在租界也掀起了一场大争论。20世纪初，上海租界一些高档住宅（如花园洋房）开始引进、安装卫生设备，因粪便污水不同于一般居民生活污水，处理起来比较复杂，因而公共租界工部局反对居民安装抽水马桶，规定若居民要安装抽水马桶，住户必须自建化粪池，自行消化粪便，然后通知有关部门用真空泵车定期清理化粪池（这种用真空泵车抽粪作业，在上海一直延续到21世纪初）。这样安装抽水马桶的成本很高，难以全面普及。然而房地产开发商及高端用户都认为租界当局应当铺设污水处理系统，以提高整个租界地区卫生水平及城市污水处理能力。双方争执不下，在 1917 年一场关于抽水马桶安装是否合法的诉讼在租界领事公堂展开，最后租界领事公堂判决原先工部局限制使用抽水马桶的规定应予废止。从此在公共租界的东部（今扬州路）、北部（今欧阳路）、西部（今天山路）修建污水处理厂，并在公共租界内排设污水管道，以后法租界也开始建设污水处理系统。这种先进的卫生设备（尤其是抽水马桶）大量安装，促进了"新式里弄"的大量建设，对城市建设、城市设施提出了很高的要求，即城市要有污水排放、处理系统，这彻底颠覆了中国人的住房模式和城市建设标准，使上海人的居住水平和城市建设标准达到了世界先进水平，具有划时代的意义。

这种新式里弄住宅的出现，吸引了在上海（尤其是在租界内）居住的高收入华人，掀起了一股建设、租住新式里弄的热潮，在短短 10 多年时间内，上海共建造了新式里弄住宅 400 多万平方米。1937 年后上海（尤其是 1941 年太平洋战争爆发）、几乎停止了里弄住宅的建设，到 1949 年底，上海共建成 469 万平方米新式里弄住宅，上海约有 10% 的家庭，居住在新式里弄住宅内。

一、渐进形成新式里弄住宅

这种新式里弄分为两个时期，早期只是在相对高质量的旧式石库门里弄住宅内增设卫生间，如"四明邨""慈惠南北里""金城里""三德坊"等安装卫生设备，其外形、内部分隔装修无多大变化。后来在 20 世纪 30 年代演变成一种全新的新式里弄住宅。

新式里弄与旧式里弄最大差别是引进安装新型卫生设备，这种新式里弄住宅起初是在相对高质量的旧式里弄住宅内安装卫生设备，因而早期新式里弄住宅与旧式里弄住宅是有一些"血缘关系"。比如"四明邨""慈惠南北里""金城里"等由于在住宅内安装了卫生设备，被划定为新式里弄住宅，并且整体里弄规划、房屋外形、房屋内部布局以及房屋装修也产生了一些变化，这些新式里弄可称为"过渡变化型"新式里弄。如这些新式里弄住宅仍然是主弄、支弄式规划布局，但主弄、支弄尺寸放大，基本都能通行小汽车，为小汽车进入里弄住宅提供方便。又如这些新式里弄住宅有的仍保留清水墙、高围墙、石库门等外观，但也有一些新式里弄并不再采用清水墙、石库门，而高围墙改为低围墙，宽大的石库门改为低矮的小铁门等，因而与以前经典的石库门里弄住宅外观有很大的区别。住宅内部的称呼也有了很大变化。原来约定俗成的"客堂""厢房""前楼""后楼"等称呼不再使用了，代之是"起居室""卧室"，甚至卧室还分"主卧""次卧"，卫生间还分"大卫生间"（即全套卫生设备）和"小卫生间"（即只安装一个抽水马桶），这种功能区分，不仅与原来的旧式里弄划清了界线，并且在房屋质量、居住生活水平也有很大提升。为了更好宣传这种新式里弄，吸引更多中产阶级以上家庭入住，在名称上也有了变化，除了部分新式里弄仍采用原有传统的 ×× 里为小区名称，一般都采用 ×× 邨、×× 坊等新式称谓，以期与原来的旧式里弄划清界线。这种新式里弄对上海中高收入华人人群有很大的吸引力，促进了上海里弄住宅居住质量的提高。

案例 1　淮海坊

提要：

1. 淮海坊是 1924 年由外国地产开发商较早在上海建造并出租经营的里弄房屋之一，原名"霞飞坊"。

2. 淮海坊摆脱了石库门形式，取消了石库门和高围墙，采用低围墙（2 米左右）和小铁门，令房屋面目一新。

3. 淮海坊是上海最早建造的大规模带有卫生设备的新式里弄之一，将西方的居住标准引进了上海，为上海新式里弄建设提供了一个全新的样板。

4. 淮海坊以行列式布局，主弄宽敞近 5 米，单开间 30 幢构成 1 排，每幢面积达到 195 平方米，大气豪华。

5. 淮海坊是上海在住宅中最早使用钢窗的里弄之一。

淮海坊原名霞飞坊，位于霞飞路（今淮海中路）927 弄。1924 年由教会普爱堂投资，占地面积 17333 平方米，共有三层砖木结构新式里弄

图 2-1　淮海坊里弄平面图

住宅 199 幢。淮海坊的建筑外观基本摆脱了石库门样式，是上海较早摒弃石库门形式的新式里弄之一。

　　淮海坊主弄有两个入口，一个在淮海路，一个在茂名南路，南北主弄宽近 5 米，主弄和支弄都要比一般石库门里弄宽，整个主弄呈"L"形，可以通行汽车。主弄东面，有东西向 4 条长支弄，主弄西面有 8 条短支弄，南侧还有一条内部南北向小弄，组成整个小区的道路交通。里弄呈行列式布局，较为少见的以单开间 30 幢构成 1 排，每幢平均面积约 195 平方米，原设计全为单门独户，前后有天井，都为水泥地面，三楼后侧有晒台，相当于现在所说的联体住宅风格。

　　建筑单体均为砖木混合结构三层楼房，采用出檐的双坡顶，屋面为机制红瓦，每两户由风火墙分隔，室内装有英式壁炉，以及高耸的英式烟囱。整个里弄小区屋顶呈现出颇有韵律的起伏，形成漂亮的天际线。围墙的高度降为 2 米左右，不再具有很强的封闭性，大门也不再是传统的石库门，而是由机制红砖和水泥压顶砌成的砖墩和小铁门构成。一层

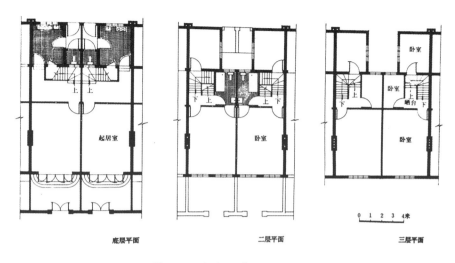

底层平面　　　　　二层平面　　　　　三层平面

图 2-2　淮海坊房屋平面图

客厅面向前花园，设置了开放感很强的三扇阔型木质落地长窗，上有水泥挑出雨篷。外墙为机制红色清水砖墙，没有了烦琐的装饰，窗户已是典型的钢窗式样，是上海地区最早采用钢窗的里弄小区。室内为硬木打蜡地板。南侧的底层是木质落地三开长窗，二层为双排三开钢窗，三层为单排四开钢窗或阔型三开钢窗，通风采光良好。北侧底层厨房间和二、三层亭子间朝向小天井一面也都是钢窗，而二、三层亭子间朝向弄堂的一面却是木质窗户。在同幢房屋中钢门窗与木门窗并用，可能也是其特色之一。

室内外有一定高差，底层客厅（起居室）后部作为餐厅使用，是一个连贯的整体，附房的底层为小卫生，二层主卧室可直接进入安装了卫生三件套的卫浴间。主房与附房之间为错层设计，二楼大卫生间的上层是被称作箱子间的用来储藏杂物的小房间。三楼亭子间的上层是晒台。

晒台的北端是一堵高 2 米左右的墙，面向后天井处则用 1 米多高的通透铸铁栏杆围护。北侧的高墙大概是为了防止对面三层住户的窥视，增加私密性，这种晒台形式很少见。

淮海坊房屋内部整体平面布局仍然与后期石库门旧式里弄住宅相似，但建筑外观造型与此前建造的石库门里弄有了较大的变化，更偏向英国

图 2-3　淮海坊鸟瞰图

图 2-4　淮海坊弄内

乔治时期都市住宅的形式。房屋的功能布局和设备设施配置，说明西方的生活方式对当时上海的影响已经渗入日常的住宅布局中。

　　由于淮海坊地处市区核心地段，生活配套、商业设施齐全，进出方便，出则繁华，入则静谧，一直是沪上外商、外侨及华人高收入家庭的上选之地。1949 年前有不少商贾巨富、军政要员、文化艺术著名人士居住于此，5 号曾经住过进步人士杨杏佛，9 号为著名戏剧家、编剧阳翰笙旧居，33 号为上海滩电影皇后胡蝶旧居，59 号为知名作家巴金的旧居，64 号为鲁迅夫人许广平旧居，26 号曾为气象学家竺可桢旧居，99 号为著名画家徐悲鸿旧居。

链接：淮海坊与外国教会房产

　　　　上海是一个奇特的城市，在租界时期，全世界所有大教会、教派都在上海扎根传教，这是一个奇观，而像淮海坊这种由外国教会大规模建造，出租给市民居住的房屋，在全世界也是独一无二的。据上海 1950 年调查统计，外国教会在上海占有近 5000 亩土地，房屋面积 150 多万平方米，分别占外国人在上海房地产总数的 19% 和 20%。外国教会占有的房地产中，自用的仅占小部分，87% 供出租，主要是由天主教、基督教两个教会所有，天主教中仅"天主堂"一家就有土地 2000 多亩，房屋 4000 多幢，面积 69 万平方米。房地产数量超过了上海最大的外资房地产商——沙逊集团所拥有的房地产面积，可以称上海第一房地产商。"天主堂"还在上海设立了 4 个经租账房处，专职管理收租事宜。其他 5 个较大的天主教堂——"普善堂""修德堂""方济堂""三德堂""望德堂"等也拥有大量房地产，总计有土地 700 余亩，各类房屋 2000 多幢，计 27 万多平方米，大多采用里弄式布局的出租房。

案例 2　四明邨

提要：

1. 四明邨是上海较早由华人银行投资的较大规模的配有卫生设备的新式里弄住宅。

2. 四明邨虽为新式里弄，但仍采用原来石库门里弄住宅一开间、二开间、三开间的规划布局和中国式客堂、厢房式的室内布局，体现了上海里弄住宅由石库门式里弄向新式里弄房屋的转变，是一个代表性里弄。

3. 四明邨土地在 20 世纪 10 年代末就已经购入，由于四明银行内部原因，1928 年开始建房，一直到 1935 年才全部建成。在里弄最南端西面还建有一个花园住宅，也可能是留给业主自己使用的。

4. 四明邨主弄宽近 7 米，便于汽车进出，支弄宽 4 米，弄内建有一批汽车间，供自备汽车的家庭入住，这是非常超前的规划。

四明邨位于延安中路 913 弄、巨鹿路 626 弄，占地面积 19247 平方米，合 28.871 亩，建筑占地 11183 平方米，覆盖率约为 0.58（比以前石库门里弄住宅覆盖率大幅降低），弄内共有住宅 126 幢，其中沿街 13 幢，总建筑面积 29150 平方米。

四明邨由四明银行于 1912 年、1928 年分别投资建造，第一次投资是买地，第二次投资是建设。前后分三期建造，于 1936 年全部建成。

四明邨有两个出入口，一个为延安中路 913 弄，一个是巨鹿路 626 弄。南北主弄宽 7 米，支弄宽 4 米，有支弄 11 条，均可通行汽车。

1928 年建造的二层单开间民居 54 幢（原弄内 33—86 号），1933 年第二批建有单开间16幢、双开间32幢。双开间为前面二层后面三层，与前一批房屋有所不同（原延安中路901—927号，弄内1—32号）。1935年建造第三批房屋，计有一开间10幢、二开间20幢，以及三开间1幢，独立式住宅（带花园）1幢，弄内还有10间车库。

图2-5 四明邨里弄平面图

四明邨由当时的四明银行投资，凯泰建筑事务所黄元吉设计，以南北总弄为轴线，两边行列布置，有单开间住宅联成1排，每幢建筑面积约为106平方米，也有以4户双开间联成1排，每户面积约为270平方米，建筑为三层（前二层后三层）的混合结构，双坡屋顶住宅。南段为高标准住宅，

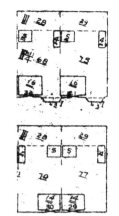

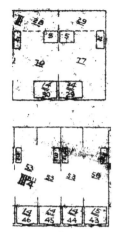

图 2-6　双开间
三层房屋分幢平面图

图 2-7　单、双开间
分幢平面图放大

外墙全部采用红色机制砖（第三期开发）。北段为中等标准住宅，中段为稍低标准住宅。四明邨石库门门框两边用汰石子（水刷石）做门套用以装饰，门楣上也有汰石子装饰，也可算是带有装饰艺术型的石库门。

四明邨房屋是砖木一级结构（所谓砖木一级结构是指房屋承重墙、分隔墙均为10寸墙），厨房、厕所、亭子间采用混凝土浇筑，算是早期

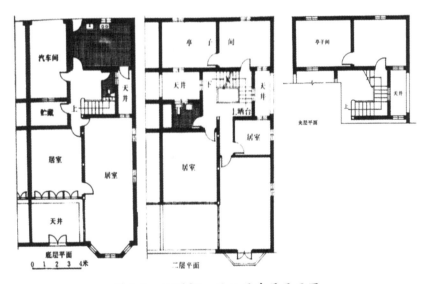

图 2-8　四明邨一至三层房屋平面图

的混合结构。屋顶是红色机制平瓦，大门仍是石头为箍，两扇黑漆大门，是经典石库门式样。内部空间布局变化最大的是双开间房屋的扶梯，采用三跑式，即一楼到二楼要走 n 形扶梯才能到达，后来的新式里弄均采用这种三跑式加扇形的扶梯形式。四明邨后天井的布局从后门处搬到厨房以南的房屋中间，可称之为"中天井"，这是一种新的布局，是为了让三跑扶梯能采光。双开间石库门房屋设置了两个中天井（见图 2-8），以后新式里弄大多采用此种中天井的布局。

三期的房屋纵向轴线上还是由天井、厅堂、后天井、附房的空间序列构成，平面构成比一般后期石库门住宅的双开间住宅复杂，房屋前后部采用了不同的层高，形成了错层结构。外观上采用西洋建筑的装饰手法，同时又保留了中国传统住宅的空间秩序感。

四明邨虽然保留有石库门，但混合结构加上三件套卫生设备的配置，就成为上海少数带有石库门的新式里弄，是由石库门旧式里弄房屋向新式里弄转化的过渡型房屋，也成为早期新式里弄的代表性建筑。

四明邨的显著特点是总弄、支弄宽敞，整个里弄规划整齐，房屋布局合理。这条里弄属上海市保护建筑，虽然政府和产权人并没有刻意进行维修保养，然而八九十年过去了，这些房屋仍不失大家风范。可惜因延安路高架工程拓宽马路，拆除了沿马路的两排房屋，今天已看不见原

图 2-9　四明邨弄口

图 2-10　四明邨

来沿街房屋的风貌了。

四明邨内居住过许多名人，延安中路 932 号（沿马路，因延安路拓宽建设高架而拆除）是一幢双开间三层楼建筑。20 世纪 30 年代初徐志摩、陆小曼居住于此，当时房租每月 100 银元，徐志摩去世后，陆小曼也一直在此居住。抗战时期，鲁迅三弟周建人居住在四明邨 38 号，鲁迅之子周海婴也在此居住过。

链接：四明银行——中国首家民营银行

晚清时期，宁波人几乎控制了上海的工商团体。据不完全统计，上海工商界 1800 余人当中，宁波籍就有 400 多人，占四分之一。1902 年，上海商业公议所（上海总商会前身）成立，由宁波人严信厚掌管，此后商会主要领导数次变更，均由宁波人担任。由于创办新兴工商企业，需要大量资金，于是由宁波籍袁鎏、周晋镳、陈薰、虞洽卿等人发起，成立了我国历史上首个民营银行——四明商业储蓄银行，初定资本 150 万两，实收 75 万两。其总行设在上海宁波路，并在南京、汉口、宁波等地设立分行。

四明银行主要由两个部门组成，一个是商业部，一个是储蓄部。在四明银行创办之初，经清政府批准可以发行纸币，而且货币发行权在民国时期依旧得以保留。享有货币发行权，既成就了四明银行，也为四明银行后期发展埋下隐患。

四明银行成立后，并没有一帆风顺。刚刚成立的四明银行，就遭到了外资银行和洋行的挤兑，加上内部管理沿用的是钱庄票号的管理制度，刚刚成立的四明银行差点破产。1911 年 4 月，四明银行决定改组，改组后的四明银行仿佛获得新生，迎来了黄金发展 10 年。上海闻人虞洽卿是四明银行的大股东，虞洽卿对银行业与房地产业的偏好，使四明银行成为上海银行房地产业务的开路者。虞洽卿等人趁地价尚未大涨之时，在距外滩稍远，当时属"次黄金地段"的今淮海中路、延安中路等地大量购买土地，先后建造了四明邨、四明别墅等以"四明"命名的房地产项目，均采用里弄房屋布局。四明银行在最鼎盛时期，仅在上海就拥有房产1200余幢，这在本土银行业中实属少见，而四明银行也因此赚得盆满钵满。

1918年，四明银行成为上海银行公会12家发起行之一。1921年，四明银行上海总行迁入位于北京东路240号的自建大楼。1933年，"废两改元"，四明银行资本金改定为225万元。1934年，四明银行存款达到4400万元，房地产遍布上海、宁波、汉口。1935年，四明银行发行钞票达1922万元。

1928年11月，南京国民政府成立中央银行，开始实施金融垄断政策，1929年至1933年，资本主义国家爆发经济危机。1931年，在"金贵银贱"的风潮席卷下，银价下跌，地产价格大幅上升，四明银行将资金业务大量投向房地产。1935年四明银行发生挤兑风波后，由财政部接管。四明银行被南京国民政府兼并改组以后，开始了"官商合办"阶段，与中国通商银行、中国国货银行、中国实业银行并称为"南四行"，但已不复往日荣光。

1949年后，四明银行被接收，改组为公私合营银行。1952年，并入上海金融业统一的公私合营银行。

案例3　静安别墅

提要：

1. 静安别墅建于1928年至1932年，共有198幢，是当年上海最典型、最具规模的新式里弄住宅小区。

2. 静安别墅开创了华人建造标志性新式里弄的先例，以后较有档次的新式里弄都采用类似静安别墅新式里弄的配置，如钢窗、打蜡地板（即硬木地板，可以上蜡，干净光洁）、全红色机制砖清水外墙等。

3. 静安别墅的名字也很有新意，明明是新式里弄却用了"别墅"之名。这种别致的取名方式，以后有很多模仿，也导致了"别墅"与花园洋房之间的混淆。

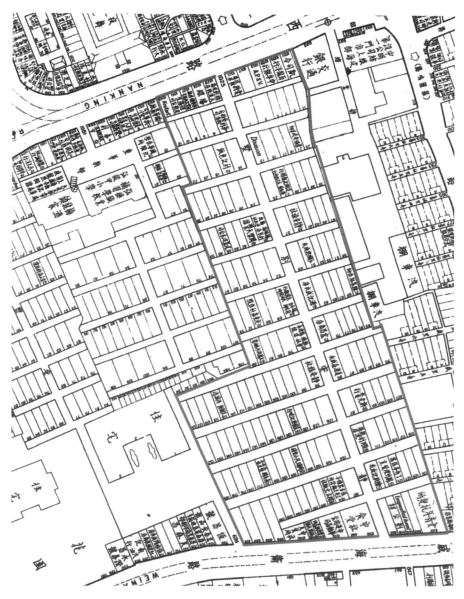

图 2-11　静安别墅里弄平面图

　　静安别墅位于南京西路 1025 弄（另一出口在南面威海路），占地
2.5 公顷，原为旅沪潮州人的会馆，后作为马厩使用。1926 年南浔富商
张潭如买下该地块开发房地产，1932 年全部建成，共有混合结构三层联
排式房屋 198 幢，是上海最大的新式里弄住宅群之一。静安别墅由华人
经营的华中公司工程师高观田负责设计施工，1935 年开建的江西庐山大
礼堂也出自他的设计。

　　静安别墅呈南北狭长条形，中间辟有总弄，宽度达 7 米，两旁支弄
24 条，呈鱼骨状里弄通行布局，除现存 183 幢三层新式里弄房屋外，另
有单独二层汽车间 5 间，总建筑面积 34300 平方米。静安别墅设计有六
种平面布局，其中沿街面建造的有 20 幢（门牌号），分三种平面布局，
弄内民居 163 幢（门牌号），也分三种平面布局，计双开间 47 幢，面宽
5.4 米的单开间 49 幢，面宽 4.5 米的单开间 67 幢。静安别墅总体以行
列式布局为主，单开间与双开间住宅混合，6 幢构成一排，双开间每户
平均面积约 220 平方米，建筑均为三层混合结构，双坡顶。

　　在房屋内部名称中也做了改变，改客堂为起居室，增加餐室并带有
备餐室，称房间为卧室等，具有划时代的意义。

　　以乙式房型为例，进入房屋主入口，为带有甬道的小花园，客厅
（起居室）进户门不再是传统的木制落地长窗，而改为单扇落地钢门窗，
两侧是带有窗套的窗户。

图 2-12　静安别墅乙式房屋平面图

客厅和餐厅有墙隔断，餐厅还设有备餐室，二层和三层的南侧为主卧房，后部有可用作储物或化妆的步入式衣帽间，以及独用的大卫生间（卫浴三件套）。房屋的北侧是厨房、厕所、后天井与车库等辅助性空间。另外在北侧三层亭子间上层设置有晒台。

建筑外墙为红色清水砖墙，门窗都配有西式线脚装饰的窗套、门套。二层的阳台为混凝土制烛台式栏杆，阳台板底下的牛腿采用了巴洛克风格的形式，一层与二层之间的外墙施有西洋式仿石凹凸线脚。高耸的山墙顶端装饰有美观的西式浮雕雕花。

大门两侧门柱较高并使用了铁板门，而较矮的围墙已没有了原来石库门里弄住宅特有的封闭感，改变了天井由客堂与厢房围合作为内庭的空间关系，天井也就变成了前花园，围墙内可以栽植花木，入口装饰丰富，更接近于西洋的外庭型住宅。

静安别墅是典型的西洋住宅风格的新式里弄。

建成时租金贵得离谱，单开间每月房租 100 多银元，双开间每月房租 200 多银元，有的还要求以金条支付，因此第一批居民大多是上海滩名人或洋行里上班的高级白领。

该别墅在设计施工上有许多创新。一是，单开间、双开间混合建设，6 幢构成 1 排，1 幢双开间面积达到 220 平方米，接近小型花园洋房面积。二是，无厚重石库门大门与围墙，采用低围墙、小铁门，尤其是二开间，前面有一个近 10 平方米的小花园。三是，外墙为清一色红色机制砖清水墙，二楼有西式小阳台，带有黑色铸铁栏杆。室内地板为硬木打蜡地板。四是，开间面宽有变化，有 4.5 米、5.4 米等。五是，客堂前的落地长窗改为木门和窗，加强私密性和保温性。六是，房屋底层北侧是厨房、厕所，后门带天井，有的双开间还有汽车库。二层南侧为主卧室，北侧为亭子间、卫生间。亭子间上面有水泥晒台。内部楼梯为多拐弯式楼梯。

整幢房屋设施先进，装饰新颖。20 世纪 30—40 年代，诸多名门望族和社会名流曾居住于此。蔡元培曾居住于静安别墅 52 号，在此开始了他的革命工作和教育事业。于右任曾寓居于静安别墅，在此研究编辑《两陋木简汇编》《标准草书》等著作。

图 2-13　静安别墅支弄　　　　　图 2-14　房屋南立面

　　迄今为止，静安别墅仍然是上海最大的新式里弄住宅群，于2005年被上海市人民政府命名为"南京西路历史文化风貌保护区保护级建筑和保护核心级区域"。静安别墅可以说是上海民居中新式里弄的一个缩影。

链接：静安别墅变迁

　　静安别墅在19世纪70—80年代是一个马场的马厩，主要饲养、训练在跑马厅赛马用的马匹。由于赛马是一个竞争激烈的项目，不断有被淘汰的马放在马场里，几位华人饲养员想出主意，出资建造模仿西式豪华马车，让这些不能上赛场的马来拉豪华马车，以收取费用，这是一种低成本的好生意。他们看准华人没有坐过西式豪华马车，又想尝试一下的心态，将收费定得很高，有时假日雇用一辆豪华马车在南京路从外滩到静安寺走一圈，要收费十几元到二十几元。更多华人也学习西人在婚庆时租用马车，办西式婚礼，这种生意很适应上海人求新花样的心态，一下子就火了起来，成为上海马路上的一道风景线。这几位驯马师因此赚了很多钱，将这个马场买了下来。直到20世纪初，出现了电车、小汽车，马车逐渐显得不再时髦。到了20世纪20年代，马场地主就将马场土地出售。购买马场业主土地的是张潭如，他是张静江的侄子。张静江祖上就是靠丝绸生产、出口贸易发了大财，号称当地"四象"家族（即资产有几千万两银子，俗称为"大象家族"）。张静江曾出大力筹资帮助孙中山革命，中华民国成立后，张静江也成为国民党元老。张潭如购得此土地，就策划建造当时最为时尚的新式里弄，因为地块靠近静安寺，就以静安为名，虽然建的是连体式新式里弄，却越位起了一个别墅的名称。由于房屋造得好，租房对象又是高收入的家庭，静安别墅就成为超级大资本家以外的有钱华人居住之里弄。

案例 4　大胜胡同

提要：

1. 大胜胡同是新式里弄住宅，取名大胜胡同在上海算是一个标新立异的名称，与上海里弄取名风俗完全不同。

2. 大胜胡同从 1912 年始建，直到 1936 年全部建成，开创了上海里弄住宅建设时间最长的纪录。

3. 大胜胡同开创了一种全新建设模式，先建业主自用的大花园住宅（含大面积花园），再围绕花园住宅建新式里弄，所有建筑均为业主自行投资、自行设计、自行建造，大花园住宅业主自己居住，新式里弄房屋则用于出租。

华山路 229—285 弄大胜胡同，始建于 1912 年，经过 24 年多期建设，终于在 1936 年建成。

大胜胡同是上海著名的大型里弄住宅群，占地面积 16766 平方米，建筑面积 43417 平米，有三层朝南向砖木结构房屋 116 幢，有汽车间 21 间，另有 1 幢独立花园住宅。

里弄内有 2 条南北向通道，13 条东西向通道，构成里弄的格局。北面最后一排是汽车间，中间是大花园和花园住宅。

在上海近万条弄堂中，据说叫"胡同"的仅几处（有人说上海有几个以胡同命名的小区，笔者没有清查，无法确认）。大胜胡同是最早取名胡同的里弄住宅之一，因名称和建筑颇有特色而引人注目。大胜胡同是

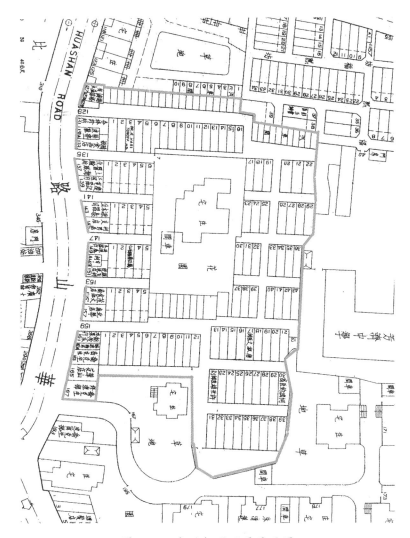

图 2-15　大胜胡同里弄平面图

　　天主教会北京普爱堂成立的房地产公司投资建造的，而作为北京来的天主教神父，德拉蒙德既是投资商之一，又是胡同的建筑设计者，胡同的建筑风格既受中国传统建筑影响，又糅合了西方的巴洛克建筑风格。

　　大胜胡同总体平面布局仿照外国小市镇布局，以中央教堂神父的住宅为中心，其余住宅呈行列式围绕布置，建筑单体为三层混合结构，双坡顶，由 3 至 17 幢的单开间住宅构成一栋，每幢面积 150 平方米左右。

图 2-16　德拉蒙德的住所

　　华山路 263 弄 6 号是 1 幢英国古典式花园住宅，原系神父德拉蒙德的住所。

　　这幢英国古典式花园住宅，假三层楼，造型别致，装饰细腻，宅前有大花园。建筑为双坡复式折线型屋顶，上覆红色平瓦。南侧屋顶置对称老虎窗，两端设一对断檐三角形山墙，有中国传统式的封檐板，中间还置一巴洛克风格的拱形山墙。住宅室内装修古朴典雅，底层门厅及大小客厅全部用柚木做护墙板和嵌花地板，局部地坪用大理石铺设，石膏平顶线脚繁复，室内门框也采用出檐和立柱做装饰，显出很强的立体效果。

　　弄内其他房屋采用联体住宅布置，房屋纵向轴线上是由天井、客厅、后天井、附房的空间序列构成。附房有厨房、仆人用厕所、后天井及楼梯间等辅助空间。房屋的北侧一层设置了仆人专用的出入口，并在厨房设置小楼梯通往二层的仆人卧室。二层的南侧为主卧房，北侧是带卫生三件套的大卫生间和仆人房，仆人房在二层不设房门，使主仆的日常活动线完全分离。三层的南侧与二层相同，均为卧室，开有三扇阔型钢窗，房间内则采用窄条柚木打蜡地板。北侧为储藏室与大卫生间，卫生

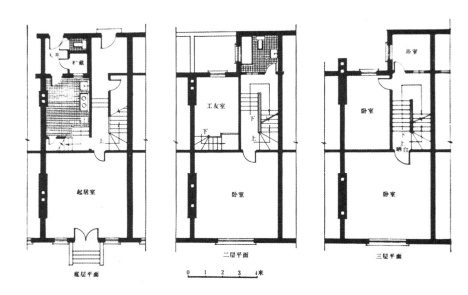

底层平面　　　二层平面　　　三层平面

0　1　2　3　4米

图 2-17　大胜胡同的房屋平面图

间的上层为晒台。室内不设壁炉，但在墙壁中预留烟道，供自备火炉接入烟道和烟囱。

　　房屋的北向立面，底层有两扇门，带有雨篷的是主人出入口，仆人则从后天井的附门进出。

　　建筑外墙为西班牙式水泥砂浆拉毛处理，建筑物转角和开口部四周类似法国风格，镶嵌咖啡色毛面砖做马牙搓式装饰，山墙为风火墙，外有马牙搓式窗套装饰。天井的围墙已不是高高的墙壁，而是低围墙和铁栅栏围合的前庭，客厅正门为落地长窗，两侧为单开窗，均有马牙搓式的门套和窗套装饰。后门（主人出入口）是镶嵌铁艺的木门，上有挑出的雨篷，内铺有艺术地砖，左侧是扶梯下的储物间，走上三级台阶推门进入底层客厅，转弯是通向二楼的扶梯。

　　当时大胜胡同是上海最高档小区之一。所有单元都配备了卫浴三件套，仆人间单独配抽水马桶，管道煤气入户，里弄北端设有独立的两排车库，计21个车位。当年要想住进这个胡同，据传光押金就要交十几根金条，每月还要交不菲的房租。著名物理学家杨振宁教授之父及其一家曾在229弄35号居住。

图 2-18　大胜胡同弄口　　　　　图 2-19　大胜胡同弄内

现在该里弄小区为历史保护建筑。沿华山路的各幢房屋底层开有各色商店和咖啡馆、酒吧等休闲场所，沿街还设有欧陆风情的白色长椅，充满了浓重的怀旧情调。

链接：花园改住宅

此类教会建房出租以取得利益，在上海租界、华界是常见的，但主教们自己投资并在小区内建一个大花园洋房，实属少见。由于该主教是从北京调来上海传教，喜欢北京的居住环境，取名"大胜胡同"也算是对北京居所的怀念。

而这种在自己用地范围内，除保留花园外再建房出租，在上海租界也是一种常见的模式。例如距大胜胡同不远的淮海路上，原新康洋行英国老板就拆除自己的花园洋房，改建花园里弄小区，还保留了大量原建的绿化。又如南京西路近茂名路原虞洽卿花园住宅，也把花园改建成新式里弄用以出租赚钱。这种情况产生于 20 世纪 20—30 年代上海租界土地价格猛涨时期，原有的花园业主看到建房出租的巨大利益，就毁花园建新式里弄，也算是一种利益驱使，但这种建设就使花园洋房与新式里弄混为一体，产生一种混合式的里弄居住状况。

二、带有小型花园的高档新式里弄住宅

20 世纪 20 年代末 30 年代初，又有一种高档全新的新式里弄住宅出现，这种里弄住宅，不仅基本摈弃原来旧式里弄住宅的传统元素，就是与一般新式里弄也有许多不同，创造了一种新颖的里弄住宅概念。在里弄规划布局上仍有主弄、支弄，然而道路更加宽敞平整，小汽车可以开到每家每户门口，更显著区别是每二排房屋南北之间的间距，从旧式里弄的 3—4 米，一般新式里弄的 5—7 米，放宽到 10 米或 10 米以上。每二排房屋之间除了有 4—6 米的道路，还在每幢房屋前建了一个 40—100 平方米的小型庭院绿化，使整个里弄更加大气，这是一个划时代的进步。以前旧式里弄没有绿化，只有一个天井，而一般早期新式里弄也只是在天井内安排 3—5 平方米泥地，可以种一两棵树等，而这种 40—100 平方米绿地，可以种高大的乔木，也可种植多种灌木花卉等，整个里弄形成多点绿化，透过矮围墙、小铁门，呈现一片郁郁葱葱、生机勃勃。里弄住宅外墙不再是红、黑清水墙，代之以水泥砂浆粉刷，有的还涂上各种高雅清淡的涂料，让人一见就心旷神怡。里弄房屋结构大多采用钢筋混凝土，每幢房屋一般是三层 200 多平方米，高大宽敞。整幢房屋内部装有多套卫生设备，供不同家庭成员使用，房屋内部功能布局更加合理、多样化，不仅有起居室、卧室，还带有佣人房、储藏室等。房屋建筑材料也采用新颖的钢窗、硬木打蜡地板，有的房屋还安装热水锅炉等新型设备。这种带有 100 平方米以上绿化庭院的联排新式里弄，其住宅舒适度和设备先进性已经与花园洋房相仿。这类高档新式里弄住宅一出现，就吸引了一批中外高收入家庭入住。现在上海市的一批历史保护建筑和建筑风貌保护区，大都由这种高档新式里弄构成。

案例 5　凡尔登花园

提要:

1. 凡尔登花园是沙逊集团于 1925—1929 年在淮海路周边繁华地段建设的一个大型带花园的联排式里弄,共有 129 幢房屋,在带花园的联排式里弄中房屋幢数排名第一。

2. 凡尔登花园采用联排式布局,每排有 14—18 幢住宅,虽然每排幢数比较多,但因为里弄内道路宽敞,并不显得局促。

3. 每幢房屋面积较大,达到 230 平方米。虽说是联排式花园里弄住宅,但单幢面积已接近小型独立式花园洋房,内部布局大气,每户还有近 50 平方米的花园绿地,堪称带花园联排式里弄住宅之精品。

凡尔登花园(现为长乐邨),位于亚尔培路(今陕西南路)39—45 弄。1925 年由华懋地产有限公司投资建造,英商安利洋行设计。

20 世纪 20—30 年代,法租界西区是上海的高级住宅区,有"上只角"之称。其中位于蒲石路(今长乐路)、亚尔培路与迈尔西爱路(今茂名南路)之间的凡尔登花园,是高等级外商、外侨和中国达官贵人、买办们的聚居地。这里原是德国侨民的乡村俱乐部,有葱翠的林木、草坪、花圃、池塘及俱乐部房屋。1917 年 3 月 14 日,第一次世界大战后期,北洋政府宣布对德断交,几天之后,法租界公董局宣布接管此俱乐部,但遭中国政府反对,后由中国政府接管,出售给外资开发商。

凡尔登花园原土地面积 5 公顷,1924 年在花园东部兴建法国总会(今花园饭店所在地),1925 年在花园西部建造花园里弄住宅,占地约 2 公顷,里弄名称"凡尔登花园"。

凡尔登花园里弄住宅从 1925 年至 1929 年分三批陆续建成,有二层单开间联排式房屋 129 幢。里弄呈行列式布局,东面有一条贯通南北的总弄,道路宽敞,足够两辆汽车交汇进出,出口在长乐路上,故后改名"长乐邨",另有 7 条东西向支弄,沿陕西南路开口。整个里弄以单开间 14—18 幢为一排,每户平均面积 230 平方米左右,坐北朝南,建筑单体均为混合结构二层新式里弄住宅。

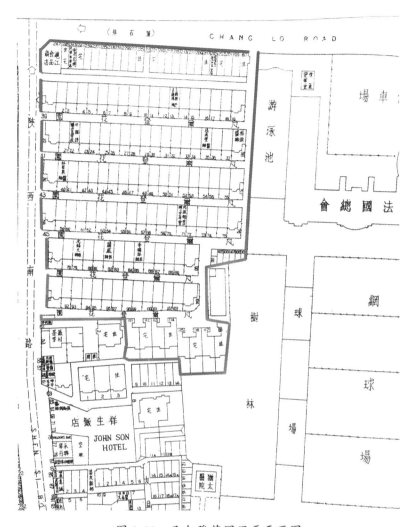

图 2-20　凡尔登花园里弄平面图

　　每幢房屋的平面呈现主屋南向布置、附房北向布置，主屋与附房在一层不直接联通，从附房到主屋必须先通过辅助楼梯上至主屋楼梯平台，才能进入主屋的一层或二层。房屋的前部是开放式花园，住户通过前花园直接进入主屋的室内客厅，客厅后部是餐厅，两者之间没有隔断，是一个连贯的空间。一层北侧附房是厨房、仆人房及厕所等辅助性空间。后天井与后门相连，通过后天井进入厨房及仆人房和厕所。

　　底层南侧的公共空间（客厅、餐厅）与北侧的辅助性空间（厨房、

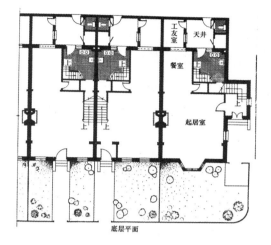

图 2-21　凡尔登花园房屋底层平面图

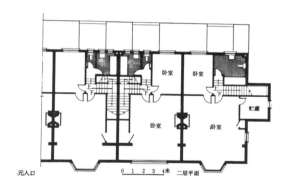

图 2-22　凡尔登花园房屋二层平面图

仆人房）相互独立，互不干扰，由此可见，此花园式里弄住宅在空间构成设计上的独具匠心。二层为卧室等私密性空间，设有储藏室及壁炉，主卧室南侧呈八角形平面向外凸出，270 度开窗。北侧是次卧室与干湿分离的厕所及浴室，室内采用柚木打蜡地板。

　　整个里弄房屋外观小巧玲珑，各户入口处门斗上有简单的欧式装饰。建筑外墙为水泥砂浆饰面。立面开窗较大并采用了钢框玻璃窗，在门窗及屋面等部位以镶嵌红砖作为装饰，部分房屋还设计了凸窗。屋面采用法国的"孟莎式"，南立面间隔设置山墙形式的墙面，屋顶为折坡顶，即顶的

图 2-23　凡尔登花园支弄　　　图 2-24　凡尔登花园房屋底层花园

上部较缓，下部为较陡峭的双重坡度的屋顶，屋顶上开有"老虎窗"，并巧妙利用了折坡屋顶的内部空间，使后部附房的假三层也较为开敞。

　　房屋前后间距较大较宽敞，房前屋后植树种花，环境优美。该里弄房屋立面造型已经完全是西式住宅的形式，并且装饰细部上很难找到中国传统住宅建筑的要素。应该说凡尔登花园是上海早期新式联排里弄中，比较道地的法国近代式建筑小区。

链接：沙逊洋行与凡尔登花园

　　凡尔登花园里弄土地原属德籍企业所有，1914 年 8 月，德俄、德法、德英先后宣战，第一次世界大战爆发。8 月 6 日，北京政府发表中立宣言，上海道尹（即上海地区领导人）将中立条规照会各国驻沪领事。1917 年 3 月 14 日，北京政府宣布对德绝交，次日驻沪海军收管停泊在上海港的德国商船，德国领事馆事务由荷兰总领事代管。8 月 14 日，中国加入协约国对德、奥宣战，海军司令派员收管上海港内德、奥商轮，并停止支付德国根据《辛丑条约》规定的对德国的庚子赔款（德国赔款占总赔款的 20%，原定要赔到 1940 年才结束）。8 月 15 日起，上海公共租界工部局查封了外滩 14 号的上海德华银行。9 月 18 日，北京政府派员与工部局查封了德国、奥地利两家领事馆。同年开始查封德国、奥地利、匈牙利等国企业、公民的财产。德国侨民从"一战"前1915年的1425人到1920年只剩289人，"一战"后德国侨民又返回上海，至1942年有2000多人。"一战"时，德国企业、个人财产被查封后，中国政府将其拍卖、出售，比较著名的有外滩德国俱乐部，卖给了中国银行，后建造中国银行大楼。凡尔登花园土地及东面的法国俱乐部土地也是原德国企业、个人财产。还有许多德国企业（如染料、制药、化工等企业）都以低价卖给华人，许多豪宅也以低价出售，南京西路陕西路边上的"荣宅"就是德国人离开上海时出售给荣家的。

凡尔登花园由华懋地产公司投资开发，新沙逊洋行是华懋地产公司的控股公司。英商新沙逊洋行是英籍犹太人伊利亚斯·台维特·沙逊于1872年创立。其胞兄阿尔伯特·沙逊公司名称也叫沙逊洋行，因此将伊利亚斯·台维特·沙逊洋行称为"新沙逊洋行"，而其兄的公司称为"老沙逊洋行"，是以其进入上海年份的早晚而分别命名，两家洋行在经营上、资金上并无关系。

新沙逊洋行到上海最初是做鸦片买卖和纺织品贸易，是行商性质，在华资金均为流动资金，资金量并不大。1877年，新沙逊洋行乘美商琼记洋行破产，以8万银两取得南京路外滩的和平饭店的土地11.89亩，开始进入房地产经营业务，以后又陆续购入大量土地。1880年，新沙逊家族已是南京东路沿线房地产第一大户，到1900年，坐上上海房地产商第一把交椅。随着老一代沙逊去世，1916年，新沙逊洋行实际控制权落到第三代维克多·沙逊手里。1920年，新沙逊洋行改组为股份有限公司，核定资本为100万卢比（印度银币单位），业务重点转向房地产经营。

1926年，新沙逊公司成立华懋地产股份有限公司，该公司最著名的房产是南京路外滩的华懋饭店，竣工于1929年，是由上海著名设计师公和洋行威尔逊负责设计，当年号称远东最豪华饭店。凡尔登花园也是华懋公司的杰作。

1937 年前是新沙逊股份公司的顶峰时期，在南京路、福州路一带有沙逊大厦（即华懋饭店）、汉弥尔顿大厦、都城饭店等大楼和庆顺里、和乐坊、长鑫里等十多条里弄；在淮海中路一带有茂名公寓、锦江饭店、凡尔登花园、培福里等；在苏州河北岸有河滨大楼、瑞泰大楼、瑞泰里、乍浦里、德安里等；在四川北路一带有长春公寓、北端公寓、狄思威公寓、余庆坊、启秀坊等，成为上海地产大王。

1937 年"七七事变"后，全民族抗战由此爆发，新沙逊公司将大量房产、股票抛售，资产转移海外。1941 年，太平洋战争爆发，新沙逊公司被日本军管。抗战胜利后，虽然新沙逊公司产业得以发还，但损失很大，新沙逊公司将总部易地香港，上海只是分公司。1949 年后，新沙逊公司情况更是每况愈下，积欠巨额债务，1958 年 10 月 31 日，新沙逊公司、新沙逊银行、华懋地产公司、远东营业公司、上海地产投资公司等 9 家企业在华全部财产转让给中华企业公司，结束了在华业务。维克多·沙逊最后病逝于美国。

案例 6　南京西路 1522 弄

提要：

1. 南京西路 1522 弄是近静安寺地段建设得最高档的新式里弄，然而却没有里弄名，只有南京西路 1522 弄作为标识，这比较罕见。

2. 此里弄规划特殊，采用联列式 4 排排列，每幢房屋面积大（近 200 平方米），此外每幢房屋还有大面积绿地，与新式里弄相差很大，可以算是新式里弄与花园式里弄的过渡形态。

3. 这条里弄是上海早期华人房地产巨头程瑾轩家族开发建设的，由于地块紧邻程瑾轩住宅，程号称只有非常有钱的人才能与自己做邻居，因此此里弄内部设计优良，设施豪华，完全超出了一般意义上的新式里弄，而且租金高昂，深受外商、外侨喜欢，被上海人俗称为"外国弄堂"。

4. 里弄里每幢房屋均设计有停放汽车的地方，这在新式里弄中

图 2-25　南京西路 1522 弄里弄平面图

是独一无二的。

南京西路 1522 弄花园式里弄住宅位于南京西路近常德路路口，建于 1930 年，共有 35 幢屋前带有大花园的连体式住宅小区，总建筑面积为 6133 平方米。

南京西路 1522 弄由当年号称华人最大开发商程瑾轩家族所开发建设，程瑾轩在南京西路、北京西路沿线购置了大量土地，程瑾轩在南京西路常德路口建了自己的豪宅（南京西路 1558 号，为现代优秀建筑），在程宅东面有一块 20 多亩的空地，也属程家所有，程家认为只有富豪、高层次人才能与自己毗邻而居，因此在这空地上建设了 35 幢连体式带有大花园的里弄住宅。

规划图上南北向主弄在小区西边，宽 6—7 米可供汽车进出，弄内有东西支弄 4 条，呈 "E" 字形，都可通行汽车。房屋分为 4 排，第一排有 7 幢，第二排有 8 幢，第三排有 9 幢，第四排有 10 幢，每幢房屋为三层二开间，平均面积近 200 平方米。室内有客厅、餐厅、起居室、主次卧室、大小卫生间、汽车间（现均已改作他用）。装修采用钢窗、硬木打蜡地板，还装有煤气、暖气等当年并不多见的设施、设备。程家建完小区后，以每幢每月 300 银元的高价出租，这个租金远高于一般新式里弄，已达到花园洋房的水平。高额的租金将一般人挡在外面，只有富豪、高官、外侨、外商才有能力入住，因而该小区建成后吸引了大量的外商、外侨入住，此弄被上海人俗称为"外国弄堂"。

但好景不长，程瑾轩去世后，其二儿子程霖生即因投机失败终致破产，南京西路 1522 弄花园住宅 35 幢带花园的高级住宅由债权团转卖于振华纱厂老板薛文泰。薛家除卖出少数和留有 1 幢给女儿居住，其余房屋继续出租收益，租金开始下调，直到 1956 年全部公私合营。

南京西路 1522 弄每幢房屋的平面布局呈现为主屋南向布置、附房北向布置的构成形式。房屋的南立面为三层带露台或阳台的二开间布局。为增加房屋南立面的变化和次卧室的面积，部分房屋南立面设置山墙形式的墙面。

房屋的南部是宽敞的花园，花园内种植各种花草树木，通过前花园直接进入主屋的室内客厅，客厅后部是餐厅。

底层北侧附房设有两个后门，主人通行的是建有门斗的后门入口，

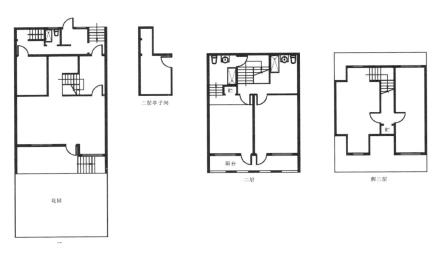

图 2-26　南京西路 1522 弄房屋平面图（沈爱峰绘）

图 2-27　南京西路 1522 弄弄口　　　　图 2-28　南京西路 1522 弄
　　　　　　　　　　　　　　　　　　　　　房屋北侧进户门

有三级台阶，开门后进入底层南侧的公共空间（客厅、餐厅），后天井与仆人使用的后门相连，通过后天井进入厨房及仆人房和厕所。底层南侧的公共空间（客厅、餐厅）与北侧的辅助性空间（厨房、仆人房）错层设计，相互独立，通行上也互不干扰。二、三层为卧室等私密性空间，设有储藏室及壁炉，二层北侧是亭子间和带三件套的厕所及浴室。房屋外观大气豪华，内部装修讲究。

　　南京西路 1522 弄的房屋立面造型已经完全是西式住宅的形式，装饰细部上很难找到中国传统住宅建筑的要素，建筑外墙为水泥砂浆饰面，立面开窗较大，并采用了钢框玻璃窗，在门窗等部位镶嵌红砖做装饰，简洁明快。屋面采用机制红平瓦，因屋顶坡度较大，所有瓦片均用铜丝勾连在屋面的挂瓦木条上。前后屋顶上均开有"老虎窗"，使房屋的前后假三层较为宽敞和明亮，这种设计、布局，装修基本上与原有华人住房完全不同，直接与外国中高档住宅接轨了。

　　链接：程瑾轩家族

　　　　程瑾轩原为一名上海的建筑工人，有人说他早年是石工，有人说他是木工，并无定论。他早年（19 世纪 60 年代）学会了外语，因此在上海租界最早的房地产巨商史密斯手下做买办，帮助史密斯与华人地主交涉土地买卖，帮助洋行建造中式房屋，从中赚取了很多佣金。史密斯离开上海后，程瑾轩又投入沙逊家族门下，再操旧业，因而学会了买卖土地、建造房屋、出租收费等一整套房地产开发经营办法。他在做买办时，也试水房地产，当年北京东路西藏路一带的大庆里、吉庆里、恒庆里等带有"庆"字的旧式里弄，均为程瑾轩所有。

19世纪末，上海公共租界向西扩展，程瑾轩看准机会，全力以赴买下公共租界西扩范围内的大量土地，从此程家家族在原静安区范围内建造了很多知名的建筑物，发了大财，从而享誉租界，程瑾轩自诩"沙（逊）哈（同）之下，一人而已"。

历数程瑾轩家族在静安范围内的著名房地产项目，一是，20世纪20年代程家在南京西路、常德路口建造了1000多平方米的自用豪宅，现为静安区公安局使用，是历史保护建筑。二是，在北京路石门路口两边建造的大批量双拼式洋房，称"东王家沙花园里弄""西王家沙花园里弄"，均是大面积绿化的花园式里弄。三是，在北京西路、泰兴路口建造的占地几十亩上千平方米的洋房，里面有游泳池、跳舞厅等各种先进娱乐设施，号称"丽都花园"，现已拆除改为上海市政协办公处。四是，在石门路、南京西路口建造的"德义大楼"，英文名为"丹尼斯大楼"，是以程瑾轩儿子的英文名字命名的，此楼别出心裁采用酒店式公寓格局设计建造，是上海滩最早的高级酒店公寓，在面向南京西路的外墙上，原有四个两层楼高的西方人物雕塑，这在上海是独一无二的（在20世纪60年代拆除了）。程瑾轩去世后，其儿子、侄子大肆挥霍，又大做投机买卖，结果投机破产，共负债近2000万两白银，最后全部房地产清算抵债，还引起了上海金融界的一次巨大震荡。

案例7 太原新村

提要：

1. 太原路新式里弄群内有三种不同的里弄住宅形式：第一种是

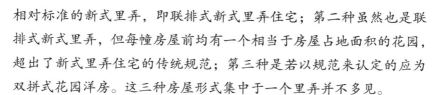

相对标准的新式里弄，即联排式新式里弄住宅；第二种虽然也是联排式新式里弄，但每幢房屋前均有一个相当于房屋占地面积的花园，超出了新式里弄住宅的传统规范；第三种是若以规范来认定的应为双拼式花园洋房。这三种房屋形式集中于一个里弄并不多见。

2. 太原新村建于1930年，是上海新式里弄住宅大发展时期的产物，而将双拼式花园洋房纳入新式里弄实为别具一格。

3. 太原新村为上海最大的西班牙式建筑小区，由法商建业地产公司投资，建成后居住者大多为法国侨民，还在附近开设了一所仅供法国侨民子弟入学的学校。

4. 太原新村是后来命名的，原建造时并无里弄名，而只是××路××弄××号，这符合外国人的习惯。太原路是1943年由汪伪上海市政府将外国路名改为中文路名时才命名的。建于1930年的里弄小区，不可能用"太原"这个名称，新村这个名字是在1950年以后才流行起来的。追本溯源，应该是太原路25弄、45弄、63弄、83弄为原名。

太原路东侧的25弄、45弄、63弄、83弄，以及永康路171号至209号，是一大片隐藏在弄堂深处的西班牙式建筑群。1930年由法商建业地产公司投资建造，1931年竣工。小区占地1.64公顷，建有西班牙式联排花园住宅33幢、双拼式花园住宅22幢，还有汽车间28间，配比很高，合计建设面积为13650平方米。

整个小区由4条东西向的通道和3条南北向通道组成一个交通体系，人员、小汽车进出十分便捷。小区建成后，入住居民主要是法国侨民及少量英美国家的侨民，华人只有两户，因而也被上海人俗称为"外国弄堂"。后来法国人又在附近建造了一所雷米小学（今上海市第二中学），仅限法国侨民子女入学。

里弄的总体构成以行列式布局为主，共有联排式及双拼式5种不同平面类型的住宅，建筑单体为混合结构的楼房，其中双拼式二层三开间住宅22户，每户平均面积约为242平方米，建筑造型均为二至三层低矮小巧的西班牙式住宅，整体风格协调。每户屋前都有一块绿茵茵的草

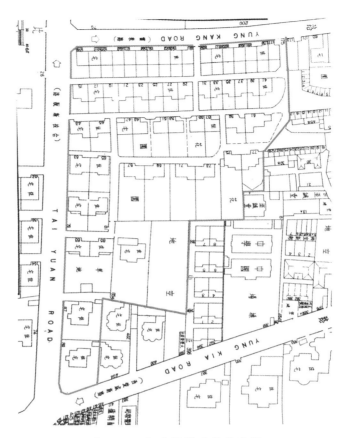

图 2-29　太原新村里弄平面图

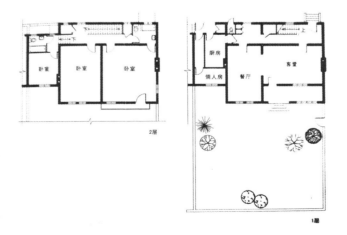

图 2-30　太原新村 45 弄的房屋平面图

（此处页面右上角为章节标记）

坪或绿树茂密的庭院。

房屋的平面为横向布局，主屋与附屋为横向布置，后部是楼梯。

南侧从花园的主入口首先进入花园，通过甬道踏上台阶进入底层客厅前的外廊或门厅的走廊，底层为客厅和餐厅，两者无明显墙体分隔，是一个连通的整体空间。附屋的厨房和仆人房的辅助空间与主屋平行，可经花园内的室外走道进入，也可从房屋的北侧经服务性后门进入。从主人通行的后门进入，则是扶梯间和储藏室。主人活动空间与辅助空间划分明确。

二层南侧设 3 间卧室，后部的东北角和西北角各设有带浴缸的大卫生间，北侧楼梯两侧分设 2 个储藏室。

房屋外观为拉毛水泥抹灰外墙面，米黄色涂料。红砖砌清水勒脚，四坡屋顶，西班牙筒瓦缓坡屋面，整个里弄的花园建筑形式丰富多样，室内装修风格与外部统一。

太平洋战争爆发后，太原路上的外国侨民纷纷回国。由于法国投降了德国，日本军队没有没收法国企业财产，法商建业公司得以继续经营。国内洋行买办、银行职员和大型工商企业业主等就向法商建业地产公司租住腾出的房屋。现在这个上海最大的西班牙建筑风格小区叫作"太原小区"。

太原路 45 弄 1 号，著有自传体小说《生死在上海》的作家郑念曾

图 2-31　太原新村支弄

图 2-32　太原新村房屋南侧花园

在此居住。太原路 63 弄 2 号是著名翻译家方平先生的旧居，方平在这里翻译了大部分的莎士比亚作品等。

链接：赉安洋行及其建筑作品

19 世纪 90 年代后，随着上海租界内开展了大规模建设，大量西方建筑师参与其中，逐渐涌现出一批著名的建筑设计公司和独立设计师，如通和洋行、公和洋行、马海洋行、赉安洋行、邬达克等。20 世纪 30 年代以前，西方建筑师一统天下，占据了绝对主要位置，几乎垄断了上海的绝大部分重要建筑物的设计。据统计，在 1910 年左右，上海有开业建筑师和合伙事务所 14 家；根据 1928 年的注册登记，上海的外籍建筑设计机构已近 50 家。

赉安洋行是 1924 年成立于上海法租界的一家建筑设计公司。由两位法国建筑师亚历山大·赉安和保罗·韦什尔合伙创立。1934 年，亚瑟·克鲁兹成为该公司的第三合伙人。

"赉安三杰"都毕业于法国巴黎高等美术学院，他们几乎包办了上海法租界的著名建筑，其设计理念是强调生活，注重环境品质和艺术追求，以居住、文化建筑居多。他们受到法国本土建筑师及建筑作品的影响，所设计的建筑在风格和形式上都对上海法租界的影响非常大，在近代上海建筑发展进程中起到了相当大的作用。三位建筑师名字的首字母缩写 LVK 铭刻在许多老上海的建筑上，他们联手缔造了当年法租界建筑的繁华，打造出上海充满艺术魅力的轮廓线。

从 1920 年来到上海直至 1946 年离开，25 年的时光中，赉安从早期西式复古的别墅建筑到中期装饰艺术风格的建筑，再到后期的完全现代主义风格建筑，为上海近代建筑多元文化的"万国建筑世博会"注入了华丽的乐章。有专家认为：从建筑的形式和建筑潮流的发展来看，赉安洋行的建筑作品有创新，有个人印记和建筑风格在上海具有首创性，可以说赉安是现代住宅建筑风格的先驱者之一。赉安洋行设计的住宅作品，每件都堪称精品。一以贯之的现代风格，逐步改变了人们的生活方式，对现在的住宅设计有借鉴意义。

赉安洋行在上海的建筑作品数量多，而且几乎涉及各种建筑类型，目前考证出来的已有 66 处，其中的一批经典作品如今已被列入上海市优秀历史建筑。

如，上海法国总会，1926 年，今黄浦区茂名南路 58 号，巴洛克风格，上海市优秀历史建筑；培文公寓，1930 年，今黄浦区淮海中路重庆南路路口，装饰艺术风格，上海市优秀历史建筑；密丹公寓，1931 年，今徐汇区武康路 115 号，现代派建筑，上海市优秀历史建筑；雷米小学，1933 年，今徐汇区上海市第二中学，现代风格；中汇银行大楼，1934 年；万国储蓄会公寓（盖司康公寓），1935 年，今徐汇区淮海中路1202—1218 号，现代风格，上海市优秀历史建筑；法国太子公寓（道斐南公寓），1935 年，今徐汇区建国西路 394 号，现代风格，上海市优秀历史建筑；麦兰捕房，1935 年，今黄浦区金陵东路 174 号，上海市优秀历史建筑；麦琪公寓，1936年，今徐汇区复兴西路 24 号，现代派建筑，上海市优秀历史建筑等。

"新式里弄"脱胎于后期石库门里弄房屋，但与原旧式里弄相比有巨大的变化。首先是里弄名称，以前里弄均以"里"为标志，到了新式里弄，除了极少数新式里弄仍沿用"里"为名称，绝大多数都不再使用，而是改用"邨""坊"，即××邨或××坊，甚至使用"别墅"来命名，与原来的"里"做了切割，体现了新式里弄的"新式"。其次，新式里弄不再使用原旧式里弄中最显著的石库门，改成了低矮的小铁门，封闭的天井变成了开敞式的小花园。

20 世纪 20 年代开始引入卫生设备，这为上海部分市民的生活带来了划时代的变化。如果说，旧式里弄确立了里弄住户周边环境的卫生标准，新式里弄则将个人卫生列入家庭生活必须，每天的洗脸、刷牙，甚至洗澡，都变得非常方便，逐步成为每日的必修课，很大程度上改变了上海人个人卫生习惯，养成了高质量生活习惯。当年上海只有百分之十几的家庭（包括居住在花园洋房的家庭）拥有这种设备，但给上海家庭打开了一种全新的生活方式，也为上海人追求高品质生活树立了榜样。在上海人心目中，居住在新式里弄内是一个追求目标，也是上海市民阶层划分的一个重要标志。

到了 20 世纪 30 年代，有的新式里弄中出现了每户门前有小型庭院绿化的花园式新式里弄，里弄小区第一次有了绿化布置，这也是一种全新的享受。外观基本西化了，同时新式里弄着眼于体现新的生活时尚，讲究居住环境的舒适性，空间布局上也有很大改观，一是扩大了里弄的主弄、支弄的宽度，有利于小汽车进出，甚至还配备了汽车库；二是要求房屋朝向、间距、面积都达到一定的标准，使居住环境更为优越；三是室内装修、设备、设施配置也提高了标准，钢窗、硬木打蜡地板普及，不仅安装了卫生设备，有的还在厨房内安装煤气灶具，在客厅内安装取暖壁炉等先进设备、设施，使居住质量、居民感受有了一个质的飞跃。

更为冲击的是对住房内部功能使用做了明确的划分，还给予了全新的名词。将底层客堂标注为客厅、起居室，增加了餐厅区域。由于使用了煤球炉、气化炉乃至煤气灶，灶间改名为厨房，里面也更清洁、整齐，有的还配有备餐间。原来旧式里弄标名的前楼、后楼、厢房等一律改为卧室，还分出主卧、次卧、衣帽间等。卫生间也分为大卫生间（抽水马桶、浴缸、洗脸盆全套）和小卫生间（只有抽水马桶）。还专门布置了仆人房、储藏室等辅助用房，甚至还布置了汽车间。这种布局让住房内部名称和使用功能彻底与欧美住房接了轨。

这种新式里弄建设标准不仅在全国算是第一，与欧美先进国家也算是并驾齐驱，达到欧美发达国家水平。30 年代中日战争，上海停止了大规模里弄住宅建设，按照上海 20 世纪 20 年代至 30 年代新式里弄的建设发展速度，上海很可能会建成更多的新式里弄。可惜战争中止了这一进程，上海新式里弄建设止步于 400 多万平方米。

表 2-1　上海开埠以来至 1949 年新式里弄不完全统计

里弄名称	建造年份（年）	房屋结构	幢数	建筑面积（m²）	地　址
同益里	1929	砖木二、三层	32	9895	南京西路 479 弄
威海新邨	1931	混合三层	14	6332	威海路 12 弄
浦行别墅	1935	砖木二层	19	3425	成都北路 696 弄
尚德新邨	1937	砖混二、三层	13	3690	威海卫路 92 弄
同益邨	1938	砖木二层	21	2084	成都北路 378—408 弄
顺天邨	1941	砖木二、三层	24	8022	成都北路 264 弄
富民新邨	1933	砖木一、三层	112	13046	富民路 148、156、164 弄
大胜胡同	1912	砖木三层	116	22706	华山路 229、241、251 弄
恒德里	1923	砖木二层	80	9133	常德路 633 弄
润康邨	1926	砖木三、四层	63	18157	南京西路 591 弄
静安别墅	1926	混合三层	193	74634	南京西路 1025 弄
安乐坊	1927	砖木二层	90	12064	南京西路 1129 弄
愚谷邨	1927	砖木二、三层	127	28629	愚园路 361 弄及 339—383 号
元善里	1928	砖木二、三层	54	8590	万航渡路 212 弄 1—14 号
康乐邨	1928	砖木二、三层	51	10998	茂名北路 67 弄
模范邨	1928	砖木二、三层	94	14892	延安中路 877 弄及 875 号
天乐坊	1930	砖木二、三层	50	12430	吴江路 61 弄及 63—75 号
延平邨	1930	砖木三层	52	5798	延平路 209 弄

里弄名称	建造年份（年）	房屋结构	幢数	建筑面积（m²）	地　址
海防邨	1930	砖木二、三层	95	9196	海防路 410 弄
梅邨	1930	混合三层	65	10946	万航渡路 776 弄及 766—792 号
涵养邨	1930	砖木二层	65	6311	康定路 88 弄
善昌里	1931	砖木二层	78	16650	石门二路 229 弄及 207—263 号
沁园邨	1932	砖木三层	56	12641	新闸路 1124 弄
金城别墅	1932	混合二层	53	9956	南京西路 1537 弄
福明邨	1933	混合二层	50	13885	延安中路 424 弄
慈惠南里	1934	砖木二层	115	16682	延安中路 930 弄及 906—970 号
福田邨	1934	砖木二层	82	11804	泰兴路 362 弄及 346—376 号
华坊	1937	砖木二层	52	9221	江宁路 881、921 弄
重华新邨	1937	砖木二层	86	17428	南京西路 1081 弄
景华新邨	1937	砖混二、三层	88	19623	巨鹿路 820 弄及 804—836 号
田庄	1938	砖木三层	55	9521	愚园路 608 弄
新余邨	1938	砖木一、三层	64	8213	昌平路 250 弄及 238—256 号
荣康别墅	1939	砖木三层	52	9910	常熟路 104、108、112 弄
林邨	1941	砖木三层	88	8915	威海路 910 弄
四达里	1920	砖木三层	138	26100	山阴路 57 弄
东照里	1920	混合三层	122	9000	山阴路 133 弄
安慎坊	1921	砖木二层	65	7700	四川北路 1635、1649 弄
永安里	1925	砖木三层	155	21000	四川北路 1953 弄
三益邨	1929	砖木二层	84	7033	唐山路 599 弄

里弄名称	建造年份(年)	房屋结构	幢数	建筑面积(m²)	地　　址
千爱里	1930	砖木二层	45	12100	山阴路 2 号
兴业坊	1931	砖木四层	96	16000	山阴路 165 弄
大陆新邨	1931	砖木三层	60	5500	山阴路 132—192 弄
永乐坊	1932	砖木三层	147	13500	四川北路 1774 弄
敏德坊	1936	砖木三层	84	9100	四川北路 2208 弄
美德新邨	1937	砖木三层	54	3700	溧阳路 826 弄
淞云别墅	1937	砖木三层	51	5900	山阴路 44、64 弄
贤邻别墅	1943	砖木二层	91	8100	霍山路 66 弄
兴业里	1930	砖混二、四层	70	15206	淮海中路 967 弄
颐德坊	1930	砖木三层	54	7665	襄阳北路 66—74 弄
敦和里	1931	砖木三层	84	13600	襄阳南路 306 弄
甘邨	1931	砖木二、四层	78	10700	嘉善路 131 弄
树德坊	1934	砖木二、三层	87	9770	天平路 276—320 弄
桃源邨	1936	砖木三层	83	12400	复兴中路 1295 弄
上海新邨	1939	混合三层	56	15800	淮海中路 1487 弄
懿园	1941	砖木三层	61	19500	建国西路 500—506 弄
文定新邨	1948	砖木二层	97	5992	汇站街 125 弄
兆丰别墅	1929	砖木三层	50	28280	长宁路 712 弄
岐山邨	1930	砖木三层	70	13000	愚园路 1032 弄
中一邨	1932	砖木二层	70	6160	江苏路 46、54、70、78 弄
渔光邨	1934	砖木三层	53	5320	镇宁路 255—285 弄
永乐新邨	1933	砖木二层	40	3390	浙江北路 41 弄
天乐坊	1937	砖木二层	28	2903	康乐路 238 弄

里弄名称	建造年份(年)	房屋结构	幢数	建筑面积(m²)	地 址
联合新邨	1937	砖木一、三层	37	3651	天目东路 181 弄
大华新邨	1947	砖木二层	43	3555	鸿兴路 48 弄
宝山新邨	1947	砖木三层	60	6004	西宝兴路 74 弄
勤慎里	1937	砖木二层	23	2775	乔家路 133 弄 1—23 号
鸿来坊	1937	砖木三层	37	3244	白洋二弄 1—37 号
文华新邨	1937	砖木二层	23	2203	梦花街 163 弄 1—23 号
蓬莱别业	1937	砖木二层	57	3360	蓬莱路 388 弄 2—59 号
南阳新邨	1937	砖木二、三层	41	3873	西藏南路 547 弄
金陵新邨	1937	砖木三层	16	1212	南京街 137 弄 5—20 号
金谷邨	1930	砖木三层	99	17364	绍兴路 18 弄
三德坊	1928	砖木四层	58	1857	重庆南路 39 弄
万宜坊	1931	砖木三、四层	116	17063	重庆南路 205 弄
太和里	1929	砖木三层	71	9631	重庆中路 14、24 弄
中业里	1924	砖木二层	63	7243	合肥路 486 弄
四明里	1929	砖木三层	71	5388	淮海中路 425 弄
花园坊	1928	砖木三层	132	21173	瑞金二路 129 弄
来德坊	1934	砖木四层	51	12653	淮海中路 899 弄
经益里	1922	砖木二层	61	4925	马当路 214 弄
和合坊	1928	砖木三层	117	13232	淮海中路 526 弄
明德里	1927	砖木三层	118	19835	延安中路 545 弄
明德邨	1936	砖木三层	69	10476	瑞金二路 290—394 号

里弄名称	建造年份（年）	房屋结构	幢数	建筑面积（m²）	地　　　址
复兴坊	1927	砖木三、四层	95	23975	复兴中路 553 弄
高福里	1925	砖木三层	104	11689	瑞金一路 121 弄
淮海坊	1924	砖木三层	199	27619	淮海中路 927 弄
淡水邨	1912	砖木三层	65	9301	淡水路 322、332 弄
培兰坊	1930	砖木三层	70	11326	黄陂南路 596 弄
瑞华坊	1920	砖木三层	79	12446	复兴中路 285 弄
群贤别墅	1936	砖木三层	51	6528	瑞金二路 225 弄
蒲柏坊	1936	砖木三层	74	9638	重庆南路 30 弄

第三章　高端里弄住宅

一、花园式里弄住宅

花园洋房是住宅中等级最高的一种，此种形制是从国外传入的，它的特点是每幢房屋四周没有与之毗连的房屋，而且在基地范围内房屋占地面积远小于花园占地面积，一般要求达到 1∶2，即房屋占地为 1，花园占地为 2，所谓覆盖率在 0.33 以下。上海花园住宅大多建于 1900 年后，在租界第二次扩展后的区域及以后的"越界筑路"区域（"越界筑路区"是指原华界地区，因地方政府无力投资市政基础设施如道路、供水、供电、污水处理、警力管理等，而由租界当局组织外资、华资进行建设，道路等建成后，两边土地快速升值，租界当局派出警力维持治安，两边土地业主向租界当局支付土地、房产捐税）。

上海花园式里弄住宅，其形制大多为外国花园洋房的翻版，全独立式房屋四面凌空，不与他屋毗连；也有半独立式，即主屋不与他屋毗连而有一边附屋与他屋毗连，每幢花园洋房是按一个家庭居住设计建造，因而气派豪华。

原来大众概念的花园洋房是高标准社区，而里弄被认为是上海一般老百姓居住处，两者风马牛不相及。然而事出有因，上海建设了一批采用里弄式布局的高端花园洋房，称为"花园式里弄住宅"。究其原因大体有二：一是大开发商想利用资金优势打造高级花园洋房，然而单幢花园洋房又有可能被周边中低档住宅拉低身价，而打造一批封闭的花园洋房可以保证区域的高品质和同质高阶层住户入住；二是当年虽然租界当局有较强的管理能力和安保能力，但不是传统意义上的行政部门，缺乏武装力量和对付突发事件的能力，而这种组团式花园洋房，可以凭借资本力量自行封闭管理，达到居住家庭的安全要求。鉴于这些原因，上海多了一种里弄住宅形态，即花园式里弄住宅。这种花园式里弄住宅群体，在全世界也很难找到同类，成为上海的一个特例。

案例1　王家沙花园式里弄住宅

提要：

1. 王家沙花园里弄住宅原有东王家沙花园里弄、西王家沙花园里弄，中间隔了一条卡德路（今石门二路），现在东王家沙花园里弄已拆除，西王家沙保留比较完整，是一个早期典型的和合式（即双拼式）洋房。

2. 据资料显示，该花园里弄是原静安区最早采用卫生设备的花园里弄式住宅，也是早期华人房地产商投资建设的项目之一。

3. 所建里弄房屋都是一幢幢英国式花园洋房，也有人称之为"安妮王朝式建筑"，设备、设施一流。

4. 这种类似花园洋房而采用里弄式布局，有主弄、支弄，开创了一种新模式，这在上海是第一家。

上海的花园式里弄住宅大多建造在20世纪20—30年代，满足高阶层政商人士对更为优越的居住环境和高档装修的需求。但也有少数建造于20世纪初，最为典型的是华资"地皮大王"程瑾轩于1900年开始建造的东王家沙花园里弄和1907年建造的西王家沙花园里弄。

王家沙原为清朝道光年间形成的一个村落，1890年前后，公共租界由东向西拓展，向西修筑了静安寺路（今南京西路）、卡德路等道路，以后又陆续增辟同孚路（今石门一路）、爱文义路（今北京西路）等道路。

租界扩界前，当时号称"中国哈同""地皮大王"的大地产商程瑾轩已购进大量土地后，在卡德路两侧建起几十幢花园住宅和大量里弄房，因弄内广植花木，绿荫掩映，花卉飘香，故称"王家沙花园里弄"。程瑾轩同时在静安寺路、卡德路口建成当时最先进时尚的带电梯的九层英国

图 3-1 西王家沙花园里弄平面图

式公寓大楼，以程氏之子的英文名字"Denis"来命名大楼为"Denis Building"，音译为"德义大楼"。

程氏家族破产后，西王家沙花园房屋几经转手，在沿北京西路增建了许多一层的沿街商铺，现在已全部拆除，又恢复了原有的历史面貌。西王家沙花园里弄主要是北京西路 707 弄和石门二路 61—83 号等房屋组成，资料显示该地块占地面积 31.13 亩，有 2—3 层独立住宅 38 幢，建筑面积 16346 平方米。其中除沿石门二路为二层沿街商业，其余两排 24 户均为花园住宅型房型，每幢房屋超过 400 平方米。

里弄房屋北靠北京西路有两个进口，一个是石门二路 41 弄，一个是北京西路 707 弄，两个总弄宽度都大于 6 米，弄内还有东西、南北向支弄两条，均能通行汽车，组成一个畅通的里弄道路体系。所谓东西王家沙，原为东王家库、西王家库，是历史上的村落名称，后来以讹传讹，变成王家沙，现在大家都用王家沙这个小地名。

里弄内房屋坐北朝南，东西排列，双拼式，清水红砖墙，红瓦坡屋顶。屋前庭院花木葱茏，低围墙（现在已无围墙），主屋入口处筑有 4 步台阶，半圆形门檐、门楣，砖木承重，外墙为红机制砖清水墙，并采用凹凸轮廓形。房屋的正立面为连续券柱式结构，顶层为三角形双山墙，山墙断檐，入口拱圈有卷涡状花饰。室内铺美松地板，木门窗。正屋平面布局为一间半式，半间作纵向单跑扶梯，整间为起居室，后部为餐室，二、三层均为前后卧室，宅后有翼房作为辅助用房。室内设有壁炉，每幢住宅设大卫生 2 套、小卫生 1 套。

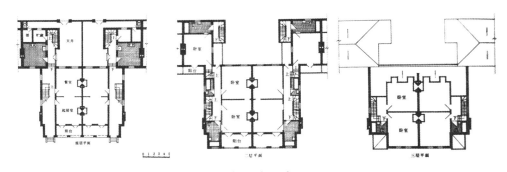

图 3-2　王家沙花园房屋平面图

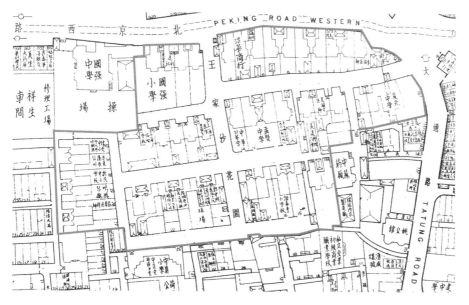

图 3-3　东王家沙花园里弄平面图

每幢房屋（带翼房）达 400 多平方米，是十足的大体量居住房屋，而能一户家庭单独居住一幢房屋，必定是外商、外侨、华人买办等高收入的高端政商人士或家庭。

程瑾轩在建造西王家沙花园里弄前，还建造了石门二路（即西王家沙花园对面）东面的东王家沙花园里弄住宅，原址为北京西路 605 弄

图 3-4　王家沙花园

图 3-5　王家沙花园房屋正立面

（包括北京西路 545—675 号），里弄占地面积 41.05 亩，有三层双拼式花园住宅及其他房屋 52 幢，建筑面积 22723 平方米。经图上点数，共有双拼式花园住宅（与西王家沙一样）40 幢，可惜已经全部拆除了，只留下了图纸。然而东西王家沙两个花园里弄住宅，不论是建造年代还是建筑规模（幢数），均排在上海花园里弄住宅之首，可以说是开创了上海花园里弄住宅之先河，很值得研究探讨。

链接：程瑾轩与王家沙花园

在 19 世纪末，公共租界向西扩展，当时华人最大房地产商程瑾轩看准时机，在向西新扩展的租界范围内（即老静安区范围内）大量购置土地，尤其是在现在的北京西路、石门路一带，原称为王家厍的地方，以及南京西路、常德路一带购入上百亩土地，以赌地价升值带来巨额财富。资料显示，租界所开拓石门二路，是由当年土地业主捐地和租界拨款建造而成的。可以推测，当年捐地的地主主角可能就是程瑾轩，因为石门二路两侧东西王家沙房地产均为程氏家属购买和开发，可见捐地对程氏最为有利。由于周边房地产迅速发展，原有地名"王家厍"渐渐淡出人们记忆，只有"王家沙点心店"作为上海老字号点心店还留着一丝记录，但也改为"王家沙"而不是"王家厍"了。

据资料记载，19 世纪末，北京西路、石门二路一带土地每亩地只值 1000 两银子，而到了 20 世纪 20—30 年代，这一带土地价值已上升到 1 万两至 5 万两银子，程瑾轩及其家族突然暴富，成为和沙逊、哈同等外商大家族比肩的富豪。程氏家族在这片土地上建造了东西王家沙花园，西王家沙花园南面的德义大楼、北面跨过北京西路的丽都花园等，这些都是当年有名的豪宅。而北京西路这一段几乎是从程瑾轩家族的土地上穿过，开拓北京西路这一段的土地是程瑾轩家族捐赠给公共租界当局还是租界当局出钱征收，由于没有历史资料无法判断，但有一点可以肯定，北京西路、石门二路的开辟，最大的受益人是程瑾轩。再加上 20 世纪初，上海修建的第一条有轨电车，其走线就是从北京西路向南拐走石门二路再走南京西路驰往外滩，这一段线路在程氏家族开发的房地产沿线。上海第一条公共交通的开通，更增加了北京西路、石门二路等地的交通便捷性，地价、房价、房租上涨迅速，更使程氏家族坐收渔利。

案例 2　溧阳路花园住宅

提要：

1. 溧阳路开辟于 1889 年（原狄斯威路），也是公共租界在 19 世纪末向北扩展而修建的道路。这 96 幢（按门牌号）花园里弄住宅就是沿溧阳路两边于 1914 年开始建造（也有人认为是 20 世纪 20 年代建造），是上海较早（可能仅次于王家沙花园）建设规模最大的单一花园洋房里弄住宅。

2. 该花园里弄住宅是采用英国维多利亚时代特征的双拼花园里弄住宅（几乎与王家沙花园格局一脉相承，很像是一家设计公司设计的。这只是猜测，没有实证，但反映了当年的一种流行）。

3. 这种花园里弄住宅，因租金高昂，每月租金都在 100—200 元之间，其对象是富裕的外侨及华人买办、高级职员，这也从一个侧面反映了上海当年经济繁荣，一部分收入很高的家庭的住房舒适度。

溧阳路辟筑于 1889 年，旧时此路名为"狄斯威路"，东南起自黄浦江畔的虹口港，向西北延伸至四川北路，1943 年改名为溧阳路。

著名的虹口区溧阳路 96 幢花园式里弄住宅就坐落于四川北路至四平路之间长度不到 600 米的溧阳路上，旧时又称"狄斯威花园住宅"，是目前上海建造年份较早、面积较大、现保留完整的具有英国维多利亚时代建筑特征的双拼花园里弄住宅群。

其建造年代，有两种说法：一种说法是建于 1914 年，另一种说法是 20 世纪 20 年代建造的。双拼式建筑面积约 900 平方米（每幢大约为 450 平方米），花园面积近 400 平方米，总建筑面积约 4.5 万平方米。里

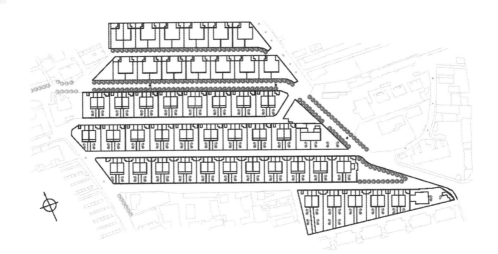

图 3-6 溧阳路花园里弄平面图（沈爱峰绘）

弄小区分为两片，在溧阳路的两侧，北片有两排花园住宅，中间有一条道路，南片有四排住宅，有三条小区内通行的道路。南北两片内道路宽敞都在 6 米左右，可供两辆汽车通行。房屋为砖混结构假三层，单体建筑式样和平面布局基本相同，每幢独用一个花园。正立面采用拱券式外廊，四坡歇山式屋顶，假三层红瓦屋面上设双坡老虎窗。清水青砖墙面嵌红砖带饰，线脚装饰细腻，砖工精细考究。

室内使用功能划分严格，底层由前至后分别是阳台、客厅、天井、厨房、卫生间、楼梯，二层是阳台、卧室、书房等，三层阁为储藏室或起居室。

从花园小铁门进入穿过花园内的甬道，踏上 4 级石阶进入底层敞开的回廊式阳台（现在大多已被改为"阳台间"），跨入大门即走道和扶梯间，一侧是客厅和餐厅，两者前后连通，都设有壁炉。餐厅后部是附屋，底层为天井、厨房间、储物间、小卫生及仆人使用的扶梯间。二层是前后两间卧室，也设有壁炉，主卧室通过落地长窗与阳台相通，大卫生间布置在房屋的正南面。二层北侧为仆人房，面积也有近 30 平方米，可以分隔成两间。假三层是阁楼，阁楼上有"老虎窗"，通风、采光良好，功能为客卧或储物间。

如果对照西王家沙双拼式花园里弄住宅，这里住宅群的规模、规划

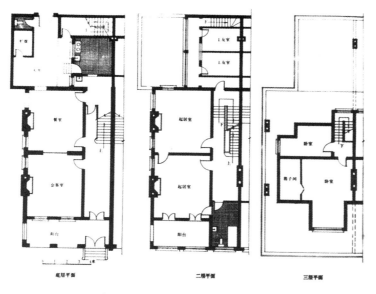

图 3-7　溧阳路花园房屋平面图

布局与其非常相似，而住宅内部的除北面翼式布局略有不同，住宅的一层、二层平面图，其南面布局几乎一模一样，这令人产生是否是一个设计师或一个设计事务所设计的作品，也可能是模仿、抄袭原英国维多利亚时期的房屋设计，总之也算是当年上海的一种流行。

溧阳路花园住宅群，是虹口区历史文化风貌区的重要组成部分。这里人文资源丰厚，居住过大量名人。如鲁迅藏书室、陶希圣旧居、郭沫若旧居、贺子珍旧居、曹聚仁旧居、金仲华旧居、陆澹安旧居等。

图 3-8　溧阳路花园里弄鸟瞰图

图 3-9　溧阳路花园房屋立面

链接：虹口开发

19世纪末20世纪初是上海租界发展最快的时期。1899年，公共租界向西扩展延伸到静安寺地区，向北延伸到上海县、宝山县交界处；法租界也向西向南延伸到徐家汇地区，上海租界范围扩大了几倍。至此，虹口区四川北路一带快速发展起来，山阴路、溧阳路也就是在这一时期开始建设，成为上海一个新地标。尤其是文化上的发展，更为显著，租界当局在虹口地区修建了公园、游泳池等一系列设施，极大地提升了虹口地区的繁华程度，使虹口地区成为华人新聚集区和华人商业区。后又加上大量日本人进入虹口地区集中居住，更增添了虹口地区的多国色彩。两次中日上海之战，均不在租界的虹口交战，而是在虹口以西的闸北华界交战，因此闸北地区损失惨重，而虹口地区却躲过中日战争，形成鲜明对照。虹口地区的四川北路、溧阳路、山阴路一大片比较著名的优秀建筑得以保留下来。

案例3　思南花园里弄住宅群

提要：

1. 思南花园里弄住宅群由4排30幢独立式花园洋房组成。

2. 1921年由义品洋行开始开发建设，由建筑师奥拉莱斯等设计。

3. 其半开放式布局，形成一个高档里弄社区，这在上海并不多见。

4. 1999年整个街区列入"上海城市建设保留保护性改造"项目，成为上海新的历史人文风貌区。

20世纪20年代，法租界当局要在法租界的中心打造一片齐整的"东方巴黎"，比利时义品洋行购进了复兴中路以南马斯南路（今思南路）东侧的30余亩土地，开始逐年兴建具有法国乡村别墅韵味的假四层独立式花园洋房，于是沿法国公园（今复兴公园）南面的辣斐德路（今

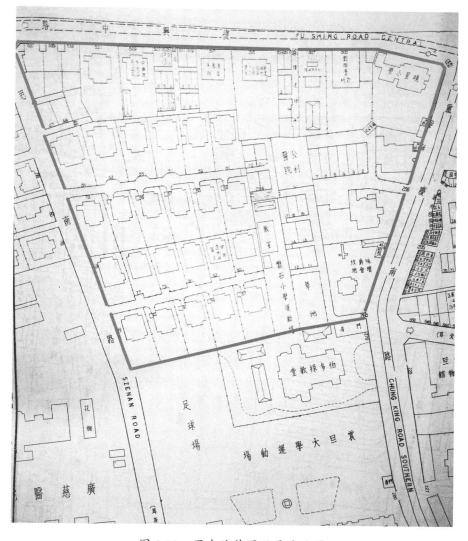

图 3-10　思南路花园里弄平面图

复兴中路），首批花园大宅拔地而起，这就是位于思南路 51—95 号的义品村。

　　义品村由 4 排 30 幢独立式花园住宅组成，除了部分花园住宅是由马路开口直接进入，其余 23 幢都是通过思南路两个主弄进入的，形成花园里弄式布局，因而它的两条主弄可任由汽车进入。它的设计风格为法国式乡村别墅假 4 层独立花园洋房，红瓦铺就的屋顶，浅黄色的鹅卵石

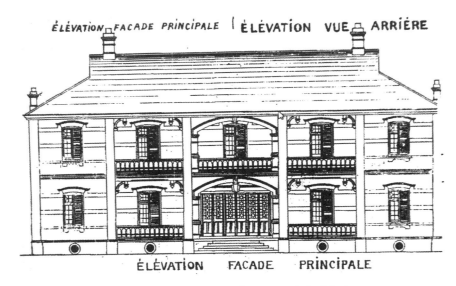

图 3-11　思南花园里弄房屋原始设计图纸之一

立面，东西面上有小窗作为点缀，南北面是宽大的落地窗。在东南角上有一大两小 3 个漂亮的拱圈。建筑两旁的旧墙里，探出巨大的杨树或柏树。义品村尽管在规模、居住档次上并非当时最大、最考究的，但作为群体所形成的环境，尤其是多个花园形成的共享绿化空间，是上海滩极为独特的。

20 世纪 50 年代后，街区变成了"72 家房客"，房屋因年岁久远也变得破败不堪。1999 年整个街区列入"上海城市建设保留保护性改造"试点项目，经过十年的置换、拆迁、修缮、改造，最终在 2010 年世博会举办前夕全部完成，成为上海新的历史人文风貌区。思南花园里弄住宅群成为上海市中心唯一以成片花园洋房保留保护为宗旨的项目，这片历史建筑也荟萃了海派建筑风格。

在此花园里弄住宅群中，居住过大量名人，如冯玉祥、柳亚子、梅兰芳、李烈钧等，著名的周公馆也在这。

思南花园里弄住宅群以其悠久的历史人文环境、优越的地理位置、独一无二的老上海建筑博览群，成为上海旧城区保留保护性改造比较成功的一个案例，也是上海的一张城市名片！

图 3-12　思南公馆联排式住宅

图 3-13　思南公馆独立花园住宅

链接：义品洋行

上海义品地产公司（Crédit Foncier d'Extrême Orient）成立于 1909 年，在比利时驻上海领事馆登记，属义品公司在华分支机构之一，1946 年改称"义品地产公司"。

义品洋行开始只是以放款经营为主，收取高额利息，至 1930—1931 两年盈利高达 130 余万银两，后又买进卖出房地产，赚了很多钱。

太平洋战争发生后，公司被日本侵略军征用，部分产业被日军盗卖，元气大伤。抗战胜利后，公司出售部分产业，转移投资方向。1954 年上海义品公司无力继续经营，1956 年 1 月转请上海市房地产公司准予接管，义品地产公司在上海业务就此结束。

案例 4　新华路"外国弄堂"

提要：

1. 新华路所谓的"外国弄堂"，是由匈牙利著名设计师邬达克负责大部分住宅的建筑设计，由柴顺记营造厂承包施工。

2. 里弄内的住宅有 5 种户型，但外观上却集英国式、美国式、荷兰式、德国式、意大利式、西班牙式等风格于一条里弄，是上海地区唯一一条由各种不同风格花园洋房组成的里弄。

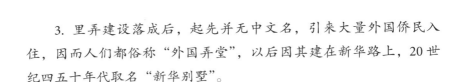
3. 里弄建设落成后，起先并无中文名，引来大量外国侨民入住，因而人们都俗称"外国弄堂"，以后因其建在新华路上，20世纪四五十年代取名"新华别墅"。

新华路东起淮海西路，西至延安西路，横贯长宁区。这条马路原名"安和寺路"，修筑于1925年，在筑路前，新华路这里是一片荒地和坟冢，境内沟浜纵横。

1925年，公共租界当局越界修筑哥伦比亚路（今番禺路）和安和寺路，普益地产公司就在此时购进大量土地，面积达3万多平方米，由柴顺记营造厂承包施工29幢风格各异的花园住宅，建筑面积2万多平方米，有英国、美国、荷兰、德国、意大利、西班牙等式样，整个小区呈现异国风情，吸引了各国侨民或买或租于此，因而被上海市民称为"外国弄堂"，现称"新华别墅"，它实际包括了两条弄堂，即新华路211弄和新华路329弄及沿新华路的几栋著名别墅建筑。

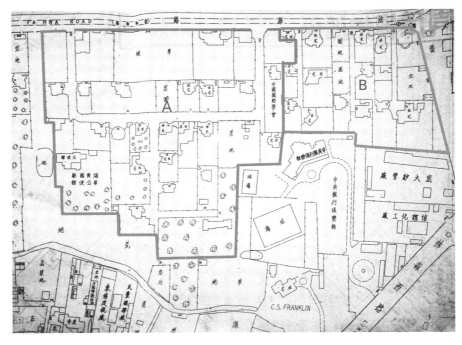

图 3-14 "新华别墅"平面图

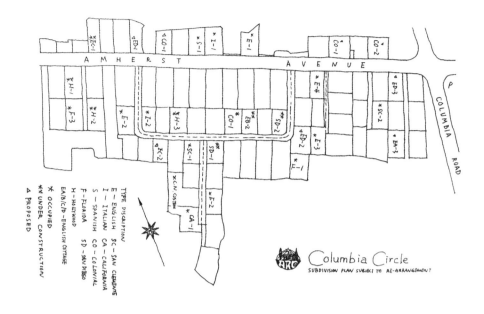

图 3-15 "哥伦比亚圈"手绘规划平面图

"外国弄堂"由匈牙利著名建筑设计师邬达克负责建筑设计、建造完成。这些独立住宅有 5 个户型,但外观上却呈有多种风格,因此"外国弄堂"建造完成后的建筑呈现出造型别致、风格迥异、绿树婆娑、幽静怡人的景象,是当时上海西郊"哥伦比亚圈"的精华部分。新华路 211 弄和 329 弄,两弄由一条 U 字形柏油小马路贯通,里弄内道路宽敞整齐,宛如市政道路,路的两旁坐落着十几幢欧式花园别墅,来到这里恍如到了欧洲某地村镇,完全没有中国建筑、里弄元素。绿树掩映下风格各异的别墅彰显出宁静和曾经的高雅。

新华路 211 弄 1 号是邬达克的典型住宅建筑作品之一。这座建筑占地 1240 平方米,建筑面积 563 平方米,建于 1930 年前,属砖木结构建筑,是一幢典型的西班牙式花园洋房。该花园别墅主体两层、局部三层。二层女儿墙用红色筒瓦压顶,局部三层系红筒瓦坡屋面,外墙面用普通水泥砂浆粉刷,呈淡黄色。东侧山墙阳台为螺旋形底托,反 S 形铁制栏杆,充分运用了西班牙建筑的建筑语言和构图。

入口大门上部有弧形门头顶盖,配以右侧方形、左侧圆拱形商户,

图 3-16　新华路 211 弄 1 号侧立面

图 3-17　新华路 211 弄 1 号侧门

立面造型异常别致，南面窗间有绞绳形小柱。两座沿墙伸出屋面的砖烟囱顶部，饰以三个联列式尖拱，体现出建筑的个性，使整座建筑形成了向上的动感。300 多平方米的花园里绿树成荫，茵茵草坪似一块绿色的地毯，爬山虎攀满墙面。沿街的围墙上是满眼绿色的树木和花草，透过镂花的铁制围墙，是若隐若现的房屋侧面，明明暗暗的光影在红瓦黄墙上舞动，仿佛历史的记忆和故事在光影里纠缠，让人不禁浮想联翩。

　　新华路 329 弄 17 号是西班牙式花园建筑，邬达克设计，砖混结构。占地面积 609 平方米，建筑面积 358 平方米，主体二层，局部三层，建于 1925 年。浅黄色水泥拉毛墙面，四坡挑檐屋顶，红色筒瓦，西立面主入口和车库入口分别做砖砌券拱与尖券，南侧竖出檐烟囱，囱顶饰小尖券。曾经是上海棉纺业巨子薛福生居住。红砖砌成的拱门衬着洛可可式黑色铁质花纹。

　　新华路 329 弄 32 号乙是一幢建于 1925 年的英式花园住宅，由邬达克设计，占地面积 2033 平方米，建筑面积 1066 平方米，为假三层砖木结构，属英国民居形式，局部带罗马城堡式，较为陡峭的双坡红屋瓦面，让它在附近的洋房群里独具特色。1936 年至 1947 年间，这里做过瑞典驻沪总领事的官邸。

图 3-18 新华路 329 弄 17 号

图 3-19 新华路 329 弄 32 号乙

新华路 329 弄 36 号是邬达克最得意的作品之一，建于 1925 年。是沪上乃至全国独一无二的双层圆形花园别墅。

别墅由内外两层承重砖柱组成圆形排架，因其形似蛋糕而得名。圆形平面的内圈为客厅，地面铺白色大理石，中心有一欧式喷水小池，相对应的顶棚有一盏玻璃吊灯。外圈空间分割为起居室、餐厅、书房及辅助用房，由中心客厅可进入外圈各房间。缓坡屋面盖西班牙圆筒瓦，下为木基层、木屋架。住宅外墙面结构外露，梁、柱均为白色，围扩结构用紫红色泰山面砖贴面，白水泥勾缝。前后大门两侧均用玻璃砖砌筑，既满足了室内采光要求，又丰富了建筑立面。这幢罕见的圆形别墅即使是在号称万国建筑汇集之都的上海，也实属绝无仅有。曾为西班牙驻沪

图 3-20 新华路 329 弄 36 号大门

图 3-21 新华路 329 弄 36 号圆形房屋

公使官邸。这幢房屋后来被曾任同济大学校长的周均时购得。

新华路 119 弄 1 号是一幢位于新华路和番禺路交会处的英式别墅建筑，现已改造、装修为高档餐饮场所。北侧沿街是半露明的木结构，富丽堂皇。建筑的南侧则是半圆形状，房屋正前是一片绿草葱茏的花园。

新华路 179 号是一幢沿街矗立的德式风格别墅，假三层砖木结构，机制红平瓦双坡屋面，屋面檐口处有折坡，并有棚屋形老虎窗，南立面山墙有半露明黑色木构架，线条较窄并有弯曲，其他部分均为白色水泥拉毛粉刷。像极了童话故事里的田园小屋，与新华路的宁静相得益彰。

新华路 185 弄 1 号在新华路南侧近番禺路，是美国民居式独立花园住宅，建于 1930 年，占地面积 1397 平方米，建筑面积 626 平方米。1994 年被列为上海市优秀近代建筑，现在是安徽省人民政府驻沪办事处招待所。

新华路 231 号是 1932 年由实业家荣氏购地建造的二层砖木花园别墅，占地 1550 平方米，其中花园 660 平方米，是一幢具有英国乡村别墅风格的建筑。建筑为假三层，四坡平顶屋面，用红瓦铺盖，设置四坡老虎窗。南立面中部有凸出敞篷和阳台，底层及烟囱为褐色面砖饰面，二层里面为白色粉墙，墙面局部用红砖镶嵌。山墙和外墙立面，都置有半露褐色木构架。

新华路 315 号建造于 1930 年，是一幢英国乡村式的花园住宅，占地近 2000 平方米，该建筑为假三层，砖木结构，双坡屋顶，外墙立面上部是白色水泥拉毛墙面，下部则为清水红砖墙，南立面中部前出，山墙露黑色木构架，显得清丽而简洁。值得一提的是，这幢建筑的木料都是从国外进口，门把手、窗件小五金装饰等细节，格外精致考究。

新华路 321 号建于 1930 年后，占地面积 918 平方米，建筑面积 508 平方米，西班牙式样带法国建筑风格，假三层建筑。1945 年至 1949 年初，被撤职的国民党高级将领蒋鼎文，来上海经商时曾在此居住。

落成后的"外国弄堂"，入住的是众多国内有钱人和外籍侨民，久而久之，"外国弄堂"在上海滩赫赫有名。这里的部分住宅还做过西班牙、葡萄牙、瑞典等国家的驻沪领事馆。

1998 年，克林顿来上海访问，第一站去的不是外滩、豫园，更不是陆家嘴，而是直奔长宁区这处闹市里的"世外桃源"。现在该花园里弄已被列为具有上海特色的风貌保护区，弄内多幢房屋被列为近代历史建筑。

表 3-1　新华路外国弄堂花园别墅不完全统计

地　　址	建造年份	建筑风格	占地面积(m²)	建筑面积(m²)	设计者	备注
新华路211 弄 1 号	1930 年	西班牙式	1240	563	邬达克	哥伦比亚唱片厂英籍经理旧居
新华路211 弄 2 号	1925 年	英国民居式	1814	394		
新华路211 弄 12 号	1930 年	西班牙式	1028	567		
新华路 211 弄10、14 号	1930 年	西班牙式				
新华路329 弄 17 号		西班牙式	609	358	邬达克	
新华路 329 弄32 号乙	1930 年	英国民居式	2033	1066	邬达克	瑞典领事馆
新华路329 弄 36 号	1925 年	双层圆形	905	543	邬达克	西班牙公使官邸
新华路119 弄 1 号		英国式别墅				
新华路 179 号		德国式别墅	1348	682		
新华路185 弄 1 号	1930 年	美国民居式	1397	626		
新华路 231 号	1932 年	英国乡村别墅式	1550	613		
新华路 351 号	1930 年	英国乡村别墅式	2000			盛宣怀之子旧居
新华路 321 号	1930 年	西班牙式				蒋鼎文旧居

链接：莱文与新华路外国弄堂

美国人莱文，又名雷文，1904 年来到上海，在当时的租界公董局公共工程处工作。1905 年，他在沪创办了房地产公司，并在 1914 年创建了中国第一家以他自己的名字命名的雷文信托有限公司。1922 年 7 月将个人房产 20 余处作价 60 万银两，成立普益房产公司，在美国注册，后改名为"美商普益房产公司"。公司主营业务是房地产投资、买卖及房屋出租。到 1932 年，投资额折合银元 2230 万元，直到 1949 年，尚有各类房屋 240 幢，均为里弄房屋和花园洋房。因公司负责人在 1949 年已离沪，无负责人，又因朝鲜战争爆发，1953 年 11 月，上海市军事管制委员会命令美商普益公司停止营业，收回全部土地，代管其房屋等财产。

案例 5　上方花园

提要：

1. 上方花园是 1941 年上海租界内最后建成的花园里弄住宅。太平洋战争爆发后，日本侵略军进入租界，一切都停止了，上方花园成为最后的花园里弄住宅。

2. 上方花园位于市中心淮海路，共有 74 幢花园住宅，是上海原法租界幢数最多的花园洋房里弄住宅。

3. 上方花园是由华人企业投资建造的最大的花园里弄，只有两种规格，针对两种家庭。

4. 上方花园的建筑外立面、内部布局已全盘西洋化，与原华人住宅布局完全不同。

5. 里弄内花园洋房建筑风格多样，每幢面积大体在 400 平方米，比较均匀。

上方花园位于淮海中路 1285 弄，占地面积 26633 平方米，建筑面积 23733 平方米。原地块为英商犹太人索福（又翻译为"沙发"）的私人花园，1933 年该土地出售给浙江兴业银行，浙江兴业银行聘请上海当年著名建筑设计事务所英商马海洋行设计，由于局势动荡和资金问题，直到 1941 年才全部建成。上方花园规划十分规整，里弄内由两条主弄呈"十"字形布置，东西方向还有 8 条支弄，形成 12 排排列整齐的典型里弄式建筑布局，北部 8 排 42 幢，南部 4 排 32 幢。

图 3-22　上方花园里弄平面图

图 3-23　上方花园南部 46 号至 61 号的平面布置图（62 号至 77 号与其相仿）

上方花园住宅的建筑风格多样，既有缓坡筒瓦的西班牙式，也有装饰简洁的现代式。其造型丰富，有联排式、毗连式和独立式等。房屋为混合结构，共74幢三层住宅，每户平均建筑面积约400平方米。

以24号花园住宅（原是张元济的旧居）为例。房屋南侧是大花园，通过花园甬道进入带玄关的门厅，然后进入客厅。南侧的客厅与餐厅无明显的分隔，作为一个整体的空间。餐厅后部与厨房相通，客厅则通向扶梯间，扶梯间下是小卫生间。房屋的北部有车库和横向型的天井及厨房、仆人间。二楼是双卧室，内套主人使用的大卫生间及大壁橱，在公共部位另有一套卫生间。三层南侧与二层相同，北部则是卧室和晒台，后部为储物间和小卧室（或书房）。

上方花园的屋顶为双坡和四坡屋顶结合，红色西班牙筒瓦，烟囱伸出屋顶，檐下部分采用了连续拱形样式的装饰线条，挑檐出挑比较浅。外墙为细颗粒状的凹凸处理，刷米黄色涂料。建筑的细部装饰富于变化，屋内宽敞明亮，钢窗有圆弧形、八角形和长方形等多种样式，显得生动

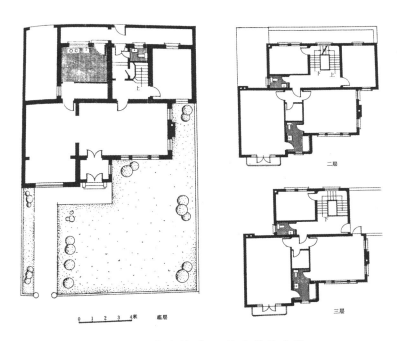

图 3-24　上方花园 24 号房屋平面图

图 3-25　上方花园房屋南侧　　　图 3-26　上方花园 24 号底层花园

而有情趣。部分窗之间有科林斯式柱头、洛可可式螺旋柱身的立柱装饰，落地窗前有线条柔美的铸铁小阳台，门栅、窗栅、阳台、栏杆都用铸铁精制而成。室内硬木打蜡地板，各种生活设施一应俱全，现在部分房屋还保留着原来的五金配件。

　　上方花园的建筑样式虽然以西班牙式住宅为主，但每栋的建筑形式丰富多彩，细部装饰富于变化，室内宽敞明亮，是上海高档的新式花园里弄住宅的典型代表。

链接：上方花园与张元济

　　1914 年法租界西扩，将上方花园所在的土地划入法租界范围，英国富商索福购进该土地，建造私人使用的法国式花园住宅，人称"索福花园"，上海人俗称"沙发花园"（谐音），索福在花园内种植很多花草。1933 年，索福将此花园住宅出售给浙江兴业银行。由于种种原因，浙江兴业银行并没有马上开发，而是拖了几年才开始建设，里弄设计是由上海著名的马海洋行（英商）负责，到 1941 年才完工。

　　整个小区共有 74 幢三层西洋式花园洋房组成，由于里弄地理环境优越和房屋式样新颖，吸引了很多上海上层人家入住。例如上海乃至中国著名的现代出版家张元济，在上方花园尚未完全建造完工时就将自家在万航渡路花园住宅出售，搬进了上

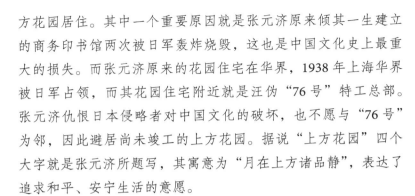

方花园居住。其中一个重要原因就是张元济原来倾其一生建立的商务印书馆两次被日军轰炸烧毁，这也是中国文化史上最重大的损失。而张元济原来的花园住宅在华界，1938 年上海华界被日军占领，而其花园住宅附近就是汪伪"76 号"特工总部。张元济仇恨日本侵略者对中国文化的破坏，也不愿与"76 号"为邻，因此避居尚未竣工的上方花园。据说"上方花园"四个大字就是张元济所题写，其寓意为"月在上方诸品静"，表达了追求和平、安宁生活的意愿。

当然，浙江兴业银行也十分不幸，买下土地就遇到了抗日战争，上方花园全部完工又遇到日本军队进驻租界。由于当年（1941 年）法国政府已投降法西斯德国，日本人没有像公共租界那样全面接管法租界，保持了法租界一定的独立性，也算是不幸中的一点意外。

花园式里弄住宅，这个名称本身并不科学，在上海市房地产管理局将住宅分为五个等级中，也没有花园式里弄住宅之类别。然而这种里弄却真实存在，它介于新式里弄与花园洋房之间，别具一格，因此本书专列一章来介绍。花园式里弄住宅，其主要特征首先是房屋大多是毗邻的；其次是每幢房屋前面有一块绿地，其面积大体与房屋占地面积相仿，现代建筑规范可称之为覆盖率为 0.5 的里弄房屋。

回顾里弄住宅发生的一系列变化：早期旧式里弄解决了华人的居住问题，也解决了里弄治安、卫生，如粪便、垃圾等处理问题。舒适性旧式里弄，解决了华人家庭住房宽敞和多子女、几代人共同居住问题。新式里弄解决了上海人洗浴、抽水马桶、下水道和污水处理问题。花园式里弄住宅则创造了一种住宅绿化概念，每家每户有一片较大的绿地，可以种植自己希望的花草树木，有一些与大自然亲近的感觉。当然，这些花园式里弄还基本上解决了汽车进出里弄和停放的问题，达到里弄房屋的最高水平，与纯正的花园住宅只有一步之遥，可见上海市民住宅建设进步是何等快速。

显然，这些花园式里弄住宅的房租不菲，一般情况下，一幢住宅每月房租都在 200 元左右，甚至更高，当时，一个家庭只有每月收入达到 300 元以上，才有能力居住在这类房屋里。有专家估计，这类家庭可能只占上海全部家庭的 2% 左右，其主要构成是外籍高等级员工、华人买办、外国企业中华人高级员工及中等以上规模企业主等。这类房屋一家一幢，居住环境、居住面积、各种居住设施设备及平时的保养维护，均已达到当年世界平均水平以上，对中国全国而言，是第一流的居住房屋了。现在这些里弄房屋已成为上海市风貌区的一大景色，也是上海里弄住宅建筑里的海派风景和怀旧元素。

表 3-2 花园式里弄住宅不完全统计表

里弄名称	建造年份（年）	结构层数	幢数	建筑面积（m²）	地址
成都北路274 弄	1932		12	3854	
王家沙花园（东）	1900	砖木二、三层	52	22723	北京西路 605 弄及545—675 号
王家沙花园（西）	1907	砖木二、三层	38	16346	石门二路 41 弄
善钟里	1912	砖混二、三层	25	10000	常熟路 11 弄
太平花园	1928	砖木三层	37	10038	陕西北路 470 弄及438—464 号
秀德坊	1929	砖木三层	9	2240	巨鹿路 701 弄
蒲园	1937	砖木二层	9	3460	长乐路 570 弄
康乐别墅	1941	混合三层	14	3513	巨鹿路 703 号
静园	1945	砖木二、三层	11	5502	万航渡路 175 弄
中和新邨		砖木二、三层	11	2660	大沽路 489 弄 4—10、5—31 号

里弄名称	建造年份（年）	结构层数	幢数	建筑面积（m²）	地址
杏邨	1937	钢筋混凝土三层	10	1504	黄陂南路 663 弄
义品邨	1912	砖木三、四层	30	16248	思南路 51—95 号
长乐邨	1912	砖木二层	129	18916	陕西南路 39 弄
青庄	1918	砖木假三层	16	3000	山阴路 343 弄
溧阳路花园洋房	1914	砖木三层	48	45000	溧阳路花园住宅群
上海新邨	1931	砖木二层	30	4601	国京路 131 弄
上方花园	1916	砖木三层	74	24502	淮海中路 1285 弄
淮海中路	1919	混合三、四层	8	3883	淮海中路 1276—1298 号
延庆路 18 弄	1926	混合三层	11	4746	延庆路 18 弄
淮海中路	1930	混合二、三层	29	4856	淮海中路 1754 弄
福履新邨	1934	混合四层	15	3520	建国西路 365 弄
玫瑰别墅	1937	砖木三层	7	3175	复兴西路 44 弄
月华新邨	1941	砖木三层	7	2450	天平路 71、75 弄
大通别墅	1941	砖混二、三层	17	5314	五原路 246、252 弄
逸邨	1942	砖木三层	6	4276	淮海中路 1610 弄
循陔别墅	1943	混合三、四层	6	2883	建国西路 402 弄
大华新邨	1947	混合三层	17	7226	五原路 212 弄
新华邨	1912	砖木三层	5	3040	愚园路 1320 弄
范园	1916	砖木三层	16	20000	华山路 1220 弄
大西别墅	1924	砖木三层	17	6000	延安西路 1431—1479 弄
外国弄堂	1925	混合二层	29	20000	新华路 211、329 弄
外国弄堂	1929	砖木三层	21	4350	番禺路 55、75、95 弄
朝阳坊	1930	混合三层	7	1470	江苏路 200 弄
公园别墅	1937	砖木三层	10	2000	愚园路 1423 弄

二、公寓式里弄住宅

20世纪30年代，上海租界又出现了一批新颖的住宅，名为"公寓"，这是一个全新的从国外引进的住房式样。所谓公寓，它一改原来旧式里弄、新式里弄至花园式里弄的以一幢一幢房屋为基本住宅单元，而是把一个家庭的全部功能在一个楼层平面上进行布局，家庭里任何活动都无须上下楼梯，这就是公寓与其他形式住宅根本性的区别。

公寓这个词的出现难以考证，究其原词为英语 Apartment，据说这个英文单词是美国人发明收入英汉词典而传入中国的。从字面分析，"公"可以有两种解释，一种"公"为有名望有社会地位的人，引义为有名望的人住的寓所，一种"公"为大家一起，即多个家庭共同居住在这个楼里，哪个解释更优，实难定义，而多个家庭共同居住在一个寓所里，可能更接近意译。"寓"字意为"客居"，即居住在别人的房子里，而不是自己的房子里，因而有"寓居""寓公"的语词出现。约定俗成，公寓也成为一种住宅标准名称。1949年后上海房地产管理局编撰的住宅目录，也有"公寓"这一目录。

公寓式住宅有几个特点：其一是采用平面布局，免去了家庭内部上下楼梯的烦事，尤其对小孩、老人减少了楼梯上下，增加了安全性。其二是公寓一般分为两种，一种是多层即20米高度以下，大体为五层或以下，不带电梯；另一种为高层公寓，装有电梯，这种建筑大大提高了单位土地建筑密度，即所谓容积率大大提高，从经济分析，其经济性能更高，更能赚钱。其三因为公寓多采用多层及高层建筑模式，其视野更宽阔，能看到更多更远的风景。其四这种多层、高层建筑外观比旧式里弄、新式里弄更高级、更壮观，更能体现财富的象征，那些高收入人群因更加追求住房新颖和自身价值而入住。

公寓内部布局也与原旧式里弄、新式里弄不同，它不再以客堂、厢房、前楼、后楼等俗语来标注，而是采用 × 房 × 厅 × 卫生间等来标注，显然四房两厅、两套卫生等成为新公寓的新贵布局。房屋编号也产生了变化，以前不论是旧式里弄、新式里弄，其地址均是"×× 路 ×× 弄 ×× 号"，而公寓变成"×× 路 ×× 号 × 楼 × 室"，也有更西式为"×× 路

××号×大楼×层A、B室"等编号，使人一看就知是公寓住房。

公寓大多是单幢大楼，也有少数是几幢组成一个里弄小区，称之为公寓式里弄住宅小区，本节就是以里弄式公寓来阐述这种新的里弄住宅布局。

由于公寓式里弄住宅与其他里弄住宅有很大的不同，因此在这一节中，将连在一起的公寓称为排，将每个门牌号公寓称为幢，将每层中每套住宅称为居住单元，此单元称呼是从英语 unit 翻译过来，其意为一个单元只有一个入口内组成一个家庭的全部居住需求环境，因而这种称呼与其他里弄住宅内部房屋称呼完全不同。

案例 6　花园公寓

提要：

1. 花园公寓位置显赫，在南京西路近陕西北路口，是公共租界的黄金地段，也是上海最早建成的公寓之一。

2. 花园公寓由著名的赉安洋行的外国设计师设计，据资料记载，第一批入住的都是外国侨民。

3. 花园公寓里弄内绿化面积占据很大比例，因而以"花园公寓"命名。

花园公寓位于南京西路（原静安寺路）1173 弄，坐落在南京西路南侧，西邻陕西北路（原西摩路）。公寓西侧是面粉、棉纺大王荣宗敬的私人花园别墅，现在的 Prada 荣宅。

花园公寓始建于 1931 年，占地面积 13.73 亩（9153 平方米），总建筑面积为 13215 平方米，由 4 排三、四层公寓楼组成，原来这块地是一个德国商人的私家花园，后由一个地产公司投资建造出租公寓（也有称由英资惠罗公司投资建造），设计者为著名的赉安洋行，初期居民多为外侨，没有中国住户。花园公寓主弄入口在南京西路上，弄口宽达 6 米，弄内有 5 条东西向道路，南北向道路 2 条，形成一个"目"字形道路系统。

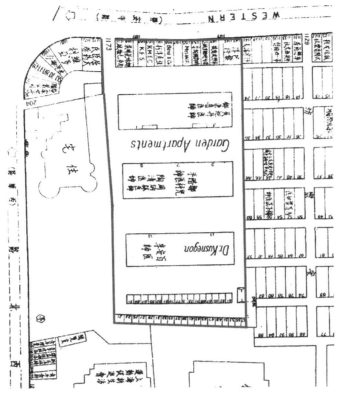

图 3-27 花园公寓里弄平面图

花园公寓是赉安洋行第一次在法租界之外的公共租界区域内设计的公寓住宅。公寓是混凝土结构，共有 4 排，沿街 1 排，底层是商铺，楼上三层为公寓，南京西路上有 3 个入户口，楼上一梯有 2 个单元，计 18 个单元。弄内有三层公寓 3 排，第一排有 2 幢公寓，共有 12 套四室户，分 2 个出入口进出；第二排有 3 幢公寓，有 6 套二室户，12 套三室户，分 3 个出入口进出；第三排有 2 幢公寓，有 6 套三室户，6 套五室户，分 2 个出入口进出。公寓部分合计 60 套住户，在 2 幢公寓拼接处设计有与厨房相连的小楼梯，供仆人使用。在弄内第一、二、三排还布置有地下室及锅炉房。保姆和司机的住处则和主人分开，集中在里弄到底，两层联排房子，底下是汽车间，楼上是住房，有抽水马桶、浴室，不过是公用的。

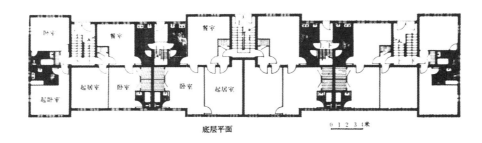

底层平面

0 1 2 3 4 米

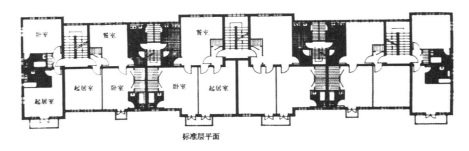

标准层平面

图 3-28 花园公寓房屋平面图

弄内房屋呈典型的公寓式风格，绿化面积很大，占据了弄内土地面积的二分之一以上，而公寓占地面积相对较小。公寓兴建时是否有中文名称难以确定，一般外商设计里弄不取中文名称，有可能是华人买下后取的中文名称。

图 3-28 为弄内第二排公寓住宅（从弄口起算为第三排）平面图，从图中可见，整排公寓为三个门牌号（三幢），左右端头是一室一厅的二室户，当中是四套二室一厅的三室户，有三个主入口，单元之间则有仆人通行的小楼梯入口。每户进门是玄关、壁橱，南侧是客厅（起居室）和卧室，北侧是餐厅和厨房。卧室内有双壁橱和大卫生，部分人家还有阳台。一室一厅的布置则相对简单，仅有厨房、客厅和卧室。

花园公寓的公共部位的装修装饰和设备设施也很有特色。外观上随处可见古典主义建筑风格的装饰元素：采用欧洲古典主义三段式立面，基座为仿石砌筑，二层和三层之间外墙又用水泥勾勒出凹凸花纹的腰线，屋面则有挑出达 1 米多的檐口；窗体的底部是挑出小窗台，四周有精致的窗套，二层的部分窗体更有罗马式窗头装饰，显得雍容华贵；窗子全

图 3-29　花园公寓

部是双开式钢窗，端头房间更是达到 6 扇连开式钢窗。

公寓内部每层的层高达 3.2 米，楼梯采用了水磨石地面和铸铁栏杆，墙面和顶部采用大面积的石膏花纹装饰，室内则是打蜡实木长条地板、顶部用石膏线装饰，大卫生三件套、壁橱、煤气灶具、热水供应，一应俱全，尽显奢华高档。

1941 年太平洋战争爆发，日军进入上海"租界"，花园公寓因是英国公司财产，被作为"敌产"没收，改造为日军医院。抗战胜利后，公寓物归原主，但这些侨民大多早已死在集中营里，少数幸存者也无心在中国停留，急于回国，业主决定把房产卖掉变现，作为侨民回国安家的资金。

链接：花园公寓

这个里弄公寓由于弄内有大面积绿化，被人称为花园公寓，后又变成正式名称，在旧上海非常出名。不仅是该公寓地理位置优越，建筑质量高档，而且其周边商业环境也是一流的。本身沿街底层建成面向南京西路的店铺，这些店铺也非常有名，如花园公寓弄口东面第一间是蓝棠皮鞋店，是上海最著名、最贵的女式皮鞋店，往东有第一西比利亚皮货店，是由白俄人开的上海最高档皮具、皮装商店。张爱玲以此店为背景构写了小说《色戒》，但对南京西路、第一西比利亚商店是实景描写，这一地段也因小说而红了一把，可惜现在第一西比利亚皮货店搬迁他处，与小说中描写不一样了。

1941 年底，日本人发动了太平洋战争，在上海的日本军队接管了公共租界。日本人将花园公寓里的外侨全部赶出小区，由日本军队使用。1945 年抗战胜利，花园公寓又回到原业主手中，原业主（外商）不再经营花园公寓，贱卖给华人业主。上海著名女作家程乃珊的祖父程慕灏串联几个朋友出资将其买下，作为投资，设置现代精致的公寓只租不卖，产权归大房东所有。为防止货币贬值，老上海公寓租金，往往要支付美金或金条，所以里面的居民多为洋人、海归或高收入人群，大部分为医生、律师等专业人士，还有剧作家曹禺、著名诗人王辛笛、中国芭蕾舞先驱胡蓉蓉、天鹅阁咖啡馆老板曹国荣等，也有低调地过着寓公生活的前朝遗老，如赵四小姐的姐姐赵二小姐、屈臣氏（1949 年后并入正广和）的股东老板等。程慕灏留了一套自用，主要用于招呼朋友，犹如私人会所，那就是 49 室，不远处的 43 室则住下了 20 世纪 80—90 年代享誉中国文坛的女作家、程慕灏的孙女程乃珊。

案例 7　陕南邨

提要：

1. 陕南邨是上海宗教团体建造的较高级公寓的出租房里弄小区。

2. 陕南邨建于 1932 年，也是上海最早的公寓式里弄小区之一，其规模不论是幢数还是户数，都是上海公寓里弄之最。

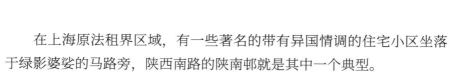

在上海原法租界区域，有一些著名的带有异国情调的住宅小区坐落于绿影婆娑的马路旁，陕西南路的陕南邨就是其中一个典型。

现在的陕西南路，是1911年开辟的道路，以德国医生宝隆的名字命名为"宝隆路"，1914年法租界扩展后，该路被划入法租界。1915年以比利时国王阿尔贝一世名字命名为"亚尔培路"，在1946年正式改名"陕西南路"。因此，陕南邨原名"金亚尔培公寓"，又名"皇家公寓"，1949年后改名"陕南邨"。

陕南邨位于陕西南路复兴中路口，陕西南路151—187号，1932年建成，比利时建筑师列文设计，法国天主教普爱堂投资建造，占地面积16700平方米，建筑面积23147平方米。陕南邨的建筑结构为混合结构，总体布局因受土地形状限制，采用点状错列排布，计有16幢（门牌号）四层建筑构成，每幢公寓每层2个居住单元，计有128个居住单元，还有2排汽车间。

图 3-30　陕南邨里弄平面图

由于整体规划布局巧妙，里弄小区只有一个出入口，为保障小区通路畅通，道路宽度达 5 米。房屋之间互为交错布置，间距宽敞，公寓间距为 1：0.5—1：0.8 不等，通风采光不受影响，并结合地形，布置汽车间和道路，空隙土地植以花卉和树木，绿化面积 1600 平方米，四季常青，并有花岗石砌筑的人行小道，纵横在绿茵草坪之间，形成一个优雅的居住环境。

单幢设计中采用蝶形平面布局，每个居住单元一般呈正方形或接近正方形，每层两户，每户两个大开间朝南，房间内三面开窗，以增加采光，同时也丰富了立面造型。每个单元（每套）设计为一户人家居住，包括起居室、卧室、餐室、厨房、浴厕间和仆人卧室等，分前后两段，南面为主要房间，北面为辅助房间。室内均有壁橱，卧室与卫生间相通。起居室都有朝南的转角凸窗，位于东南或西南的转角处，借助该处的光线会尽可能地扩大室内采光区，使得室内通透明亮。起居室与餐室之间设活动拉门分隔，北面为辅助房间，即厨房间、仆人卧室、小卫生间，以及仆人使用的小扶梯。室内门的款式、地板、线脚、厨房、卫生间地面的六边形马赛克地砖、壁橱、洁具等都是统一

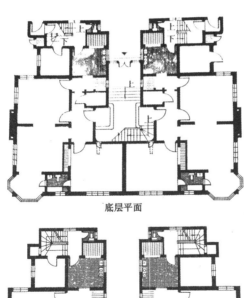

底层平面

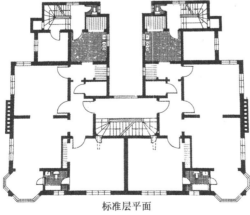

标准层平面

图 3-31　陕南邨房屋平面图

图 3-33　陕南邨支弄

图 3-32　陕南邨房屋侧立面

制作装修。每幢公寓均单独设锅炉间、煤仓及垃圾管道等。

　　建筑外观为水泥砂浆平涂表面处理，屋顶为四坡顶，铺红色机制平瓦。东西侧各设一个烟囱沿外墙面向上伸出，南侧东西角设有凸窗。整个建筑外观造型为英国亚当时期的住宅建筑式样。

　　陕南邨除外商、外侨集居，也有一批华人、文化人聚集于此，如中国最早的战地记者舒宗侨、中国早期电影业老板柳中亮及其子柳和清与妻子王丹凤、中国当代散文家黄裳等。

　　链接：陕南邨住户

　　　　这种大规模高档公寓里弄住宅小区，在上海实属罕见。陕南邨建成后，第一批入住的大都是外国侨民，例如陕西南路入口的第一幢公寓里，就曾是上海著名皮货商第一西比利亚的白俄老板，他自俄国十月革命被赶出国境后来到上海，通过寻找商机，做成了上海皮货第一品牌（商店在南京西路花园公寓沿南京西路店面），据说，他们家庭离开上海，将全套柚木家具留在原公寓里面，前十几年，那些老柚木家具仍吸引了众多上海市民的眼球。有些家庭还保留着外国侨民遗留的七八十年前的外国钢琴，作为那时外侨居住的证明。

案例8　联华公寓

提要：

1. 联华公寓原名"爱文公寓"，后因爱文义路改名"北京西路"，遂用开发商企业名称"联华"改名为"联华公寓"，是上海早期公寓式里弄住宅的代表作。

2. 联华公寓是由上海著名匈牙利建筑师邬达克设计，而且邬达克还应邀入股该项目，这是邬达克在上海唯一赚钱的房地产投资项目。邬达克既做设计师又做开发商，还让自己最信任的营造厂施工，因而不论是设计、施工都达到很高水准。

联华公寓北靠北京西路，南临南阳路，西至铜仁路，远远望去，像一艘大船矗立在北京西路上。北京西路以前叫"爱文义路"，因此以前亦称为"爱文公寓"。1931年设计，1932年建成，里弄占地7.459亩，建筑面积12923平方米，混合结构，系现代派建筑风格。

现为北京西路1341—1383号、铜仁路304—330号和南阳路208—228号共3排四层公寓房屋（1976年各加了一层，为五层）。

此公寓是邬达克继武康大楼、爱斯公寓后为上海设计的第三幢大楼公寓。公寓由大陆银行总经理等组建的联华房地产公司建造，故后改名为"联华公寓"。

联华公寓里弄小区由两条主干道进入小区，均在铜仁路开口，道路宽敞，汽车进出方便，小区内有停车库18间，设在铜仁路330弄内。北京路沿街有4个门牌号可直接

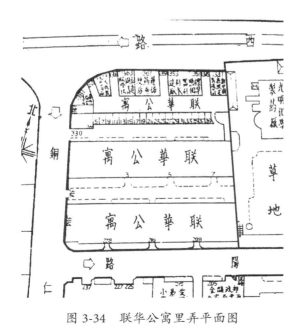

图3-34　联华公寓里弄平面图

进入公寓，还有十几个沿街商铺。

联华公寓是现代主义风格，外立面简洁明快，用浅红色面砖饰面，横向以水刷石作水平线条。楼梯间则作竖向构图，建筑沿北京西路、铜仁路形成一流畅的弧面。公寓总体布置采用东西向联排布置，南北向3排整齐布局，而公寓内部每单元均为坐北朝南设计。沿街北楼底层为商店，每个出入口沿墙均布有绿化带。公寓楼内装饰朴素，墙面是黄棕色的小墙砖，地面是棕色的地砖，和外立面色系比较统一。

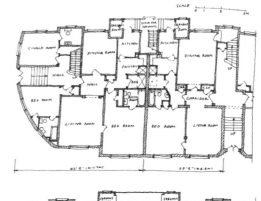
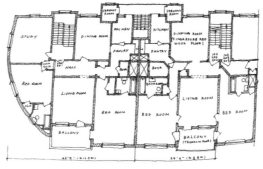

图 3-35 联华公寓房屋平面图

联华公寓共3排，南面2排每排3个门牌号（3幢），北面沿北京西路有4个门牌号（4幢），每幢楼设南主入口和北辅入口，主入口设门厅，通过台阶进入内廊和楼梯间。北侧辅助入口设小楼梯，连通各户厨房和厨房边上的保姆房，设计体现了主仆分明的理念。每幢楼（门牌号）每层是两户，俗称一梯两户，基本户型是两室一厅一卫一阳台，东西端单元分设三室一厅和四室一厅。卧室设在南向，南向卧室通过阳台、隔墙、内走道可分成两个独立的卧室或组成一个套间。北向客厅和饭厅兼用，在厨房外的备餐间还设传菜窗。由于套内平面各不相同，建筑师因地制宜设置大小壁橱。卫生间通过小天井采光和换气。锅炉房设在中楼半地下室，集中向小区供暖气和热水，另有18个车库。

室内装修考究，钢窗硬木打蜡地板，南立面的窗，均有挑出的窗套

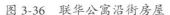

图 3-36　联华公寓沿街房屋　　　　图 3-37　联华公寓房屋南立面

凹凸有致，与阳台互相呼应使得房屋立面显得丰富。扶梯用铸铁雕花栏杆和水磨石阶梯及水磨石高勒脚，美观且易于清扫。

联华公寓住过不少名人，如中国无声片时期的红星、曾被誉为"中国电影第一位老太婆"的宣景琳、贝勒铭钢笔厂的老板贝勒铭，新中国成立后居住过上海的政协副主席刘靖基、著名画家沈柔坚与王慕兰夫妇、上海交响乐团指挥曹鹏等。

链接：设计师邬达克

1893 年出生于奥匈帝国（现在斯洛伐克境内）一个建筑世家，21 岁毕业于匈牙利皇家约瑟夫理工大学（今布达佩斯理工大学）建筑系。"一战"中加入奥匈帝国军队，被俄国军队俘虏，送到西伯利亚战俘集中营，1918 年从战俘营逃亡到中国上海。邬达克先居住于赫德路（今常德路），并在吕西纳路（今利西路）为自己建一住宅（已拆除），又在哥伦比亚路 22 号（今番禺路）建自己住宅，后转让给孙科，这就是孙科别墅的由来。他自己在哥伦比亚路 57 号建住宅（今番禺路 129 号）为英国式乡村风格。1937 年，邬达克搬到他自己投资、设计、建造的达华公寓（今延安西路的达华宾馆）底层居住、工作了 10 年，于 1947 年离开上海。

邬达克在上海主要设计的作品有国际饭店、大光明电影院、武康大楼。他为万国储蓄会设计过常熟路口 22 幢双拼花园住宅、汾阳路 150 号花园住宅；为普益地产设计过乌鲁木齐南路、安亭路、永嘉路一带花园住宅、小型公寓 10 余幢，新华路原哥伦比亚住宅圈花园住宅 10 余幢，虹桥路龙柏饭店内原普益公司老板雷文别墅，河南路、宁波路原美丰银行大楼（也是雷文创办的）；为四行储蓄会设计过四川中路汉口路原四行储蓄联合会大楼、国际饭店；为教会设计过市三女中内楼（五一楼、五四楼）、西藏中路慕尔堂、延安西路华山路口的德国新福音教堂；为名人设计过何东别墅、爱神花园、孙科别墅、铜仁路绿房子等，但从未给沙逊、哈同等大地产商设计过房子。

作为设计师的邬达克在上海投资过两个项目，一个是联华公寓，当年大陆银行董事兼总经理谈公远、金融界人士叶扶霄和其他四人共同发起并邀请邬达克合作组建联华房地产公司，建设爱文公寓。后以公司名改为"联华公寓"。联华公寓是一个赚钱的项目，可是邬达克另一个入股项目，却走了麦城。1933 年，阿乐满律师事务所的法籍律师阿乐满、克保罗邀请邬达克联手创办一个公司做房地产，开业资本 25 万元，注册地是美国，项目是在大西路（今延安西路 914 号）造一幢十层高的所谓"邬达克公寓"（后来取名为"达华公寓"，即现在的达华宾馆），这是上海当年西部地区最高的建筑。后来邬达克就一直在此居住、工作到 1947 年。然而阿乐满律师与美益洋行达成委托协议，全权委托美益洋行代理运作，而阿乐满与美益洋行互相勾结，中饱私囊，使得"达华公寓"亏空不少，邬达克不得不从自己事务所抽调资金去补这个亏损。

邬达克在上海有一个华人老朋友——洽兴营造厂老板王才宏，此人好学认真，一直跟随邬达克做项目。到了 30 年代，邬达克更是让王才宏参与了他设计的大项目的总包、分包工程，如真兴大楼（外滩圆明园路）、广学大楼（虎丘路）、国际饭店（南京西路）等。邬达克参股联华公寓，也让王才宏总包建设该项目。据传，联华公寓建造时，资金周转不灵，邬达克还让洽兴营造厂串换调剂资金，王才宏也将自己儿子送入邬达克设计事务所，跟随邬达克学习设计，可见两人关系不一般。1947 年，邬达克由于种种原因，结束了在上海的生活和工作，在朋友帮助下，悄然离开上海，他的设计师事务所最后也由王才宏帮助善后，这已是后话了。

案例 9　新康花园

提要：

1. 新康花园是上海最早高级公寓与花园洋房混合建设的一条里弄，本书把这一里弄放在公寓式里弄住宅，而不是按花园洋房里弄来划分。

2. 这条里弄是以外籍人士的眼光和标准来设计建造的，这种里弄房屋水准远高于当时的里弄住宅水平，不论是房屋建造水准还是入住人员平均水平，在上海都属于高档居住区。

新康花园位于淮海中路（原霞飞路）1273 弄 1—22 号、复兴中路（原拉斐德路）1380 弄，坐落在淮海中路南侧、复兴中路北侧，近汾阳路（原毕勋路）、宝庆路（原宝建路），与上方花园相邻，占地面积 19.52 亩（13013.3 平方米），是淮海路上最有韵味的里弄之一。

新康花园和隔壁上方花园的设计者皆为英系建筑师事务所马海洋行，两座花园式里弄均兼备了里弄房屋、花园住宅和高级公寓的高档居住区特征，是上海新式花园里弄住宅的经典之作，现属于上海市保护建筑。

新康花园最早建于 1916 年，为英籍犹太人新康洋行老板建造的私人花园，园内有网球场、游泳池等设施，1933 年改建成由 11 幢花园式住宅和 4 幢公寓组成的建筑群。花园洋房式住宅为二层混合结构，建筑面积共 4169 平方米；公寓为五层钢筋混凝土结构，共 4 幢，另有平房汽车间及附屋 25 间，共计建筑面积 9318 平方米。原里弄小区并无中文名，1949 年后取名为"新康花园"。

新康花园里弄内有一条南北向的贯穿整个里弄的主弄，可以从北面

图 3-38　新康花园里弄平面图

的淮海路直通南面的复兴中路，北面淮海路主弄入口宽 8 米，进弄沿一块大绿地向东拐弯进入里弄小区，这种弄口布置大片绿地的里弄在上海并不多见，可惜现在大绿地内建了一个地铁入口与大绿地格格不入。主弄东西两侧有 9 条支弄，呈"丰"字形，里弄北部沿主弄两侧排列 11 幢二层花园洋房，里弄南部排列 4 幢五层公寓楼，弄中原有两排汽车库，现已拆除改建。

由淮海中路一侧大门进入主弄堂，北部两侧依次排列的 11 幢二层建筑，即淮海中路 1273 弄 1—22 号，每幢房屋建筑面积约为 580 平方米。每层 1 户，每户平均面积 290 米左右，合计 22 户。外形为西班牙风格。

房屋的平面布局均为三开间四室的构成，上、下层各有独立的门进出，互不干涉。

图 3-39　新康花园乙式房屋一、二层平面图

房间为横向套间式联列布置：朝南为客厅（起居室），设有壁炉，客厅两侧为带大卫生间的卧室。房屋的北侧设置餐厅和厨房，客厅和餐厅之间没有隔墙，形成一个整体的空间。餐厅与厨房相连，厨房的另一侧通往车库（或晒台）、仆人房和小卫生间等辅助空间。

底层住户由花园的主入口和北侧的后门进入。二层住户由房屋的侧面主入口进入，通过主楼梯间上至二层门厅。一、二层的门厅内均设有放置衣帽的壁橱。二层平面布局与一层基本相似，一、二层仆人房之间有专用小楼梯相连，辅助空间与主人生活空间完全分开。

新康花园南部有 4 幢五层公寓，为钢筋混凝土结构，每幢建筑面积1117 平方米，呈点状式布局。中间设有一大庭院，4 幢楼位于庭院的四个对角。公寓内一梯两户，每户多为两、三室。在第四和第五层每户增加至四室。四、五层为跃层式四室户，顶部为平台。整个里弄小区高尚优雅，不愧为高档居住区和近代保护建筑群。

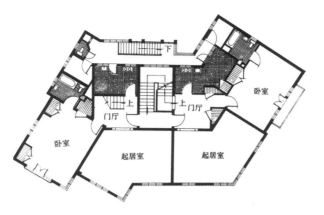

图 3-40 　新康花园甲式房屋平面图

图 3-41 　新康花园乙式住宅　　图 3-42 　新康花园五层公寓

　　新康花园建成时，入住者均为外籍人士，有所谓"欢乐庭院"之称，后来也入住了一批华人，如著名油画家颜文梁、著名作家巴金、文化名人黄源等。

链接：新康洋行

　　新康花园是由当年新康洋行老板所建，新康洋行是上海一个老牌英资公司，1892 年，爱德华·埃兹拉（在一些文章中，名字也有写成"爱士拉""伊扎拉"等，由于当年对外国人名翻译无一定标准，很随意，因而有多种中文写法，本文用"埃兹拉"是根据《上海租界志》一书中上海公共租界工部局名录中的中文名字）。接过家族产业，在上海成立新康洋行。洋行老板埃兹拉在上海是一个名人，于 1912 年起连续七年担任上海公共租界工部局董事。新康洋行在上海建造了一系列房屋，如南京东路、江西路的大楼原名"新康大楼"，而其附近的原名"中央商场"的商业用房也是新康洋行产业，再如上海最大的石库门里弄"斯文里"原来也是新康洋行所建，名为"新康里"。后新康洋行将新康里出售给斯文洋行，改名"斯文里"。新康花园原是 1916 年新康洋行老板建的私人花园别墅，花园里有大批林木、花草，还有网球场等体育设施。1931 年新康洋行老板看见上海房地产价格飞涨，就将该私人花园拆除，改建成高档居住区，里面建有公寓、独立花园洋房等，成为上海有名的高端居住里弄。建成初期是以外侨居住为主，而且似乎是英侨居多，英侨们称该里弄为"欢乐花园"，1949 年后，上海人为它取名"新康花园"。1950 年在外商登记资料里，编号 506 写明英商新康洋行，负责人为西·依士拉（此人应为埃士拉家族成员），注册地为九江路 150 号 202 室，此注册地也可能是新康洋行建造的房屋。后外侨撤离，新康花园逐步形成高级知识分子、高级干部的居住地。

案例 10　永嘉新邨

提要：

1. 永嘉新邨建于 1947 年，是上海 1949 年前最后建成的公寓式里弄房屋。

2. 永嘉新邨为交通银行所建，主要是为了安置抗战胜利后返回上海的高级管理人员，因此规划建设水准都较高，也算是公寓里弄的最后绝唱了。

永嘉新邨位于永嘉路 580 弄，在乌鲁木齐南路和衡山路之间，占地 36955 平方米，建筑面积 20000 平方米。

1947 年交通银行投资建造永嘉新邨。其弄名虽取"新邨"，但它既非新式里弄住宅，又非花园式里弄住宅，而是联排式的里弄式公寓住宅。

永嘉新邨建成后为交通银行职工宿舍，当年，抗战胜利后，一批抗战时撤退到重庆的交通银行职员到了上海，他们好多是"无房户"，银行就给这些职员配了房子。

新邨规划设计分为东西两部，东部为混凝土混合结构三层公寓式楼房 12 幢（门牌号），水泥拉毛墙面，四坡红瓦屋面，楼梯设在室外，别具一格。西部为混合结构二层楼房 80 幢（门牌号），双坡青瓦屋面，山墙配以花饰，大门入口处建有西班牙式样的雨棚。总建筑面积 20000 平方米。房前屋后道两旁种植树木花卉，环境幽静。

单体房型设计基本上分甲、乙、丙三种类型。

东部三层公寓楼为甲型蝶式单元，每排由 3 个点状的蝶形单元拼接而成，共 4 排，每个门牌号每层有 4 套 2 室户。双跑楼梯安排在房屋北

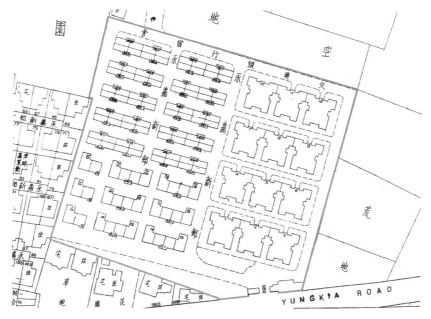

图 3-43　永嘉新邨里弄平面图

部。一梯四户，每户各占一角，每户 2 间居室。北部两套分别向东西方向延伸，加大宽度，形成蝶式平面，这样可使北部每户都有南向居室，争取到良好的日照和通风条件。

西侧的后部是二层乙型公寓，共 10 排，原有 88 个门牌号，每个门牌号即为一套 2 室户居住单元，底层由前面花园进出，二层由北面楼梯间进出，现在南面底层仍为 1 个门牌号一套居住单元，北面二层改为 1 个门牌号两套居住单元，分别是 201 室和 202 室。

西侧的前部是二层丙型公寓，共 9 排 30 个门牌号，每个门牌号即为一套 3 室户居住单元，底层由前面花园进出，二层由北面楼梯间进出。

甲型公寓是由交通银行"沪行"兴建，而乙型公寓、丙型公寓，则由交通银行"总行"兴建。甲型公寓标准较高，每套房屋内配有卫生设备、箱子间、壁橱、保姆房一应俱全，厨房间还有烧热水的大锅炉和煤

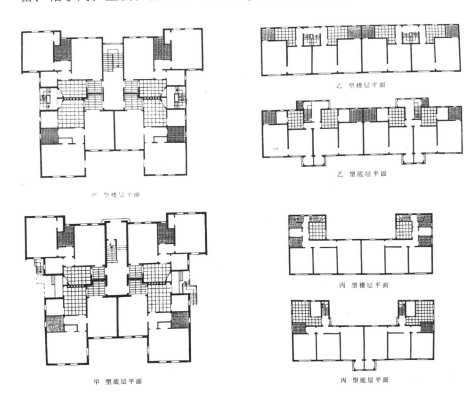

图 3-44　永嘉新邨三种房型的平面图

图 3-46　永嘉新邨三层公寓楼

图 3-45　永嘉新邨敞开式楼梯

气。乙型公寓和丙型公寓的底楼有小花园，主人套房外建有保姆房，保姆房也有专门的厕所。永嘉新邨体现了当时上海以银行高级职员为代表的中等家庭较为优渥的生活。

链接：交通银行

交通银行创立于 1907 年（光绪三十三年），股金为 500 万两，招商股六成，邮传部认股四成。成立后除一般银行事务外，还将轮船、铁路、电报、邮政四项官办事业的款项，一并纳入管理。

1908 年北京总行成立，5 月 2 日上海分行在后马路（天津路）乾记弄开业，1919 年迁到外滩 14 号（原为颠地产业，1880 年，德国为加强对华贸易，由 13 家德国银行联合组成德华银行，负责在华事务，收购了颠地外滩 14 号房产，1914 年"一战"爆发，1917 年中国宣布对德宣战，政府没收了德华银行，该楼归交通银行使用）。

1916 年 5 月发生中国银行、交通银行挤兑风潮，交通银行请出时任外交次长曹汝霖为总理，曹求助于日本，于是由日本兴业、台湾、朝鲜三家银行借款500万日元，渡过难关。

　　1928年，南京政府成立，交通银行总管理处移到上海。1937年抗日战争全面爆发，1941年为日军接管，但大部分黄金、外汇及其他动产已转移到重庆。1945年抗战胜利，交通银行总管理处又迁回上海，暂居南京西路999号，而交通银行大楼（中山东一路14号）1946年开工，1948年竣工，是1949年以前外滩所建造的最后一幢大楼，1951年后为上海总工会使用。

　　公寓在上海出现较晚，是一种完全西化的居住房屋，而公寓式里弄更是少之又少。有专家估计，1949年前，上海市民居住在公寓里的家庭不到1.5%。这种平面布局的家庭居住形式，几乎与原有旧式里弄、新式里弄乃至花园洋房完全不同，居住生活体验也不同。

　　1950年上海房地产管理局房屋归类时公寓类房屋的要点，一是家庭居住活动都是在一个平面单元内；二是整个单元平面面积较大，单元内分为×房×厅×卫生等；三是大多数公寓内都带有辅助用房，即带有保姆房等；四是内部装修较高档，大多是钢窗打蜡地板等；五是许多公寓采用高层设计，装有电梯等。据上海房地局1950年统计，全上海公寓类住宅有101.4万平方米，只占全上海住宅总面积4.3%左右，可见其稀少程度。这些公寓住房深得外侨、外商等高端人士青睐。

　　从1949年后直到1980年，上海只建了一幢称得上是公寓的住宅楼。60年代在余庆路189号建了一幢名为"华侨公寓"，主要是为了安置、吸引华侨回国居住，要用外汇才能购买入住，这一幢楼是高档全装修可以拎包入住。20世纪80年代以后，上海建造了大批仿照公寓形式的里弄住宅、小区住宅，除了部分当时所谓"外销房"是全装修房屋外，一般"公寓式住房"达不到当年公寓式住房的标准。因此，上海房地局将此类房屋归类为"工人新村"范畴。

　　20世纪90年代，许多商品房都采用公寓式布局设计，名字也加上"公寓"二字，然而是否算是公寓，则难以判断，因而只能称"公寓式商品房"。

表 3-3　公寓式里弄住宅不完全统计

里弄名称	建造年份（年）	结构层数	幢数	建筑面积（m²）	地址
南洋公寓	1911	混合四层	2	3771	陕西北路 525 弄 4、8 号
大华公寓	1912	混合四层	4	12092	南京东路 868、882 号
海格公寓	1930	混合三、四层	3	1280	华山路 449 弄
康贻公寓	1912	混合三、四层	4	2026	愚园路 11 号
六合公寓	1927	混合四层	3	1573	延安中路 855 号
花园公寓	1931	砖木二、四层	6	18216	南京西路 1173 弄
古柏公寓	1931	混合三、四层	74	17673	富民路 197 弄 1—3 号
康福公寓	1931	砖木三层	5	882	南京西路 825 弄及 829 号
联华公寓	1932	混合四层	10	12923	北京西路 1341—1383 号、铜仁路 304—330 号、南阳路 208—228 号
自明公寓	1938	混合四层	6	1644	巨鹿路 516 弄 1—6 号
白尔登公寓	1924	钢混三、六层	4	21270	陕西南路 213 号
德来才公寓	1912	钢混三、四层	33	8674	瑞金一路 118、126 弄
米丘林公寓	1937	砖混三层	3	1407	复兴中路 518 弄
陕南村	1930	西式二、四层	16	23147	陕西南路 151—187 号
胜利公寓	1935	钢混四、五层	11	2710	绍兴路 56 弄
泰山公寓	1928	钢混四、五层	6	15925	淮海中路 622 弄
紫苑庄	1936	砖木二层	10	894	山阴路 41 弄
茂海新村	1941	砖木二层	10	3676	东长治路 1047 弄
新康花园	1916	砖混二、五层	15	9318	淮海中路 1273 弄
克莱门公寓	1929	混合四、五层	5	12900	复兴中路 1363 弄
复兴新村	1932	混合三、四层	17	2861	复兴中路 1248 弄
伟美公寓	1932	混合五层	3	2465	高安路 69 弄丙支弄内

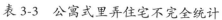

里弄名称	建造年份(年)	结构层数	幢数	建筑面积(m²)	地　　址
福禄公寓	1936	混合四层	4	924	复兴中路 1317 弄
永嘉新邨	1947	混合二、三层	92	20000	永嘉路 580 弄
永利新村	1948	混合三层	4	4018	清真路 1615 弄
东苑别业	1924	砖木三层	5	1100	愚园路 1032 弄
沪西别墅	1948	砖木三层	26	3120	愚园路 1210 弄

第四章 里弄职工宿舍

在上海里弄住宅发展的百年中，有一类里弄住宅引人注目，那便是由单位企业出资建造、供员工居住的住宅，因为难以归类，本书称之为"里弄职工住宅"。

　　自上海开埠以后，大量外地来沪人员进入上海（尤其是租界地区）工作、居住、生活，上海住宅需求十分旺盛，时时处于住房紧张状态。外资房产资本家、华人房产资本家都积极建设住房，大多以出租谋利，一时上海房地产风起云涌，十分热闹。然而高涨的房租，紧张的住房，对一些大型企业却带来不利影响。高涨的房租会吞噬职工的收入，影响实际生活；紧张的住房条件也影响了职工居住的稳定性和生活质量，从而最终会影响企业的经营状况。例如，中国银行这个中国最早最大的华人金融企业，也因为职工居住条件差，居住分散，影响了职工对企业的向心力和企业的发展。20 世纪 20 年代，中国银行董事会通过决议，建造职工宿舍，以解决职工住房问题。又如，当年上海有大量的日本纺织企业，这些企业占地面积巨大，要降低建厂成本，只能建在地价低廉的城市边缘地区，同时，日本纺织企业从日本招聘了大量的日籍技术人员和管理人员，他们到上海也有居住问题，但工厂所在位置普遍缺乏便捷的公共交通设施，而纺织机器又需要 24 小时不停运转（不断人）才能出效益，再加上纺织企业实行每天 10 小时以上的两班制或 8 小时三班制，留给工人的日常时间本就不多，如果居住地离工厂太远，很难有人愿意来工厂工作。本着对企业稳定运营、可持续发展和高盈利期望，在沪日资纺织企业普遍选择了在工厂周边便宜地价区域择机建造或购买职工宿舍的做法。还有一些企业，如永安百货公司，本身是经营全球百货，利润率也比较高，企业看到上海房地产更是高利行业，也跃跃欲试，做房地产开发，既抱着从房地产赚钱的希望，又将部分建成的住房以优惠租金价格租给自己企业员工，也是所谓"肥水不流外人田"。在这种历史、经济、企业发展多重条件下，上海 20 世纪 20—30 年代建设了一批职工宿舍。虽然这是一种小众产品，但这种小众的住宅都是采用里弄式布局，正符合本书研究范围，因此本书单列一章，分述企业职工里弄住宅。

一、日本企业职工宿舍

案例 1　日商纺织株式会社宿舍

提要：

1. 日商纺织株式会社是日本在沪较早的纺织企业。

2. 日商纺织株式会社是较早在上海建立职工宿舍的企业，据资料显示，该企业在 1918 年（有人认为是 1914 年）就开始买地建工厂和建造职工宿舍。

3. 本文只介绍该企业在沪西原静安区曹家渡地区的宿舍，并不涉及该企业在其他地区的职工宿舍。

4. 原静安区曹家渡附近几处宿舍，有华工宿舍，有日本员工宿舍，建房质量相差很大，这两处均采用里弄式布局。

据历史资料，日商日华纺织株式会社成立于 1918 年，早期在华界（非租界）买地时，土地价格很便宜。企业买下土地开始建厂，即后来的国棉六厂，在马路对面同步建宿舍，宿舍取名"和丰里"。和丰里建在原长寿路 891 弄，是较早在上海建设的华工工房，土地面积 7.65 亩（实际面积远比 7.65 亩地大，原有两条小浜在地块内穿过，属于公地，后日本人将其中两条浜填平，据为己有），据 1950 年后统计建房面积有 6841 平方米，二层立帖式中式房屋 120 幢。里弄进出口在小区东面，是一条长 200 米宽 5 米多（弄口宽度达 7 米多）的南北大通道，沿主弄西面有 11 条支弄，呈"E"字形，支弄较窄（图 4-2）。里弄内有三块大空地，北面两块原来就是小浜，系公地由企业无偿占用，买地时小浜还通水，没有填平，也没有在小浜上建房，后小浜填平，成为里弄内的空地，作为晾晒衣服和活动之地。南面一块空地上建了一个大水槽，这个大水槽是居民取水和洗衣之地。

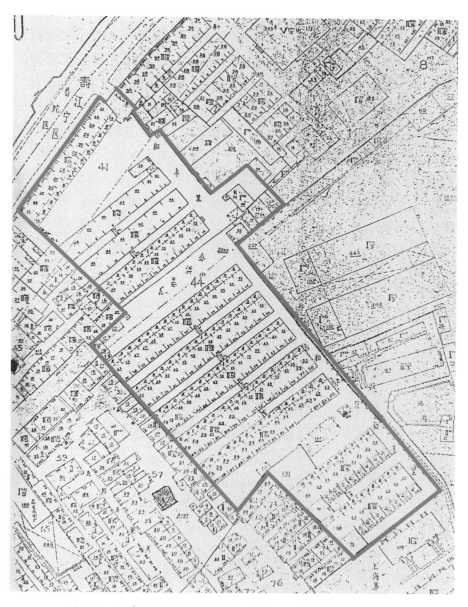

图 4-1　和丰里里弄平面图（20世纪50年代绘制的蓝图）

由北向南，沿长寿路第一排二层房屋，底层是商铺，楼上是住宅。里弄内有 10 排住宅，最长一排有 15 幢房（门牌号）。里弄北部有 3 排 22 幢（图 4-2 中 a 区）面积较大的两层立帖式房屋，每幢房屋上下两层，每层 40 多平方米，据原来住在和丰里的老人回忆，此两排房屋是包身工住房。每幢房屋两层，每层要居住 15—20 个包身工，可安置包身工 300 多人，居住环境恶劣。里弄中间 5 排（图 4-2 中 b 区）都是给华工一般工人居住，房屋布置很局促紧凑。除 a 区与 b 区之间因原有小浜，后填平显得较为宽敞外，其他房屋之间间距只有 3 米左右。每排房屋幢数较多，最多达 15 幢。结构是中式立帖式，上下两层。每层 20 多平方米，每幢房屋要住 2—3 个家庭或 7—8 个单身女工。小区最南面有 2 排房屋（图 4-2 中 c 区），房屋质量相对较高，从图纸上可以看出这两排房屋外形布局类似石库门房屋，南面有天井，北面有灶间，每幢房屋两层，每层 20 平方米。据原来居住在这边的老人回忆，这是给华人管理者家庭居住的（或称"拿摩温"居住的）。如此计算，整个里弄小区分为三个等级，居住华人超过 1500 人。

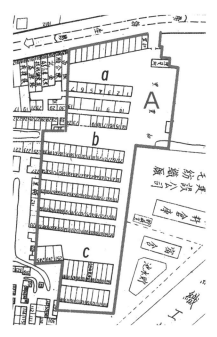

图 4-2 和丰里平面图放大（1947 年绘）

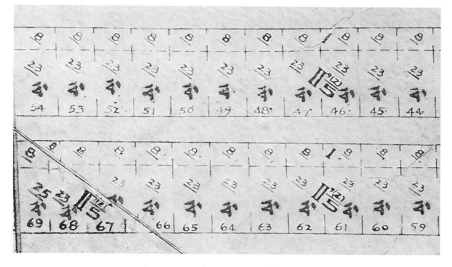

图4-3　和丰里工人住房平面图

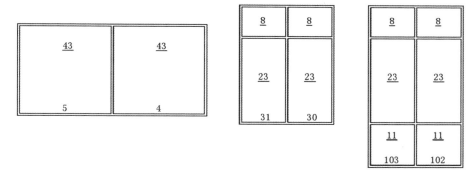

图4-4　和丰里三种房型（从左至右）：a区房型为包身工房、b区房型为一般职工房、c区房型为华人管理者房（沈爱峰绘）

　　当年和丰里建成后，弄口有铁门，派警卫值守。若华工被解雇，就会被赶出里弄，这也算对华工的二手准备。

　　里弄内有水电（何时安装难以确定），水是公用给水站形式，在大水槽周边也设有下水道，可以打水洗衣、洗菜等。厕所是公用的，据回忆是在东面主弄边上。由于该企业较大，华人很多，企业在长寿路北面原普陀区厂房附近还有华工工房，但比和丰里晚，因而只介绍和丰里这一华工工房。

图 4-5 东洋工房平面图（1947 年绘）

图 4-6 东洋工房一览图（俞远明制作）

由于日商纺织株式会社工厂规模很大，按照日本人习惯，企业还雇用了大量的日本籍员工，因而在20世纪20年代初，又在距马路对面距工厂大门仅100多米处的安远路899弄建设了日籍员工宿舍，此弄没有中文名称，周边人们俗称为"东洋工房"（图4-5中的B区）。该工房占地26.5亩，建筑面积15996平方米，规模较大，采用里弄式布局，整个里弄只有一个进出口，里弄内房屋排列整齐，道路宽敞，每排楼之间间距较大，汽车几乎可以开到每幢楼边上，还种有各种树木。里弄内有18排房屋，其中有一排是日本企业的招待所，南面还有一个公共游泳池。

里弄内共有140幢房屋（190个门牌），除一幢楼是招待所外，其他都是住宅，房屋大多是二至三层。里弄内有8种住房样式，分为A、B、C、D、E、F多个等级，里弄中部、西部都是假三层类似联排式住宅（图4-7），每幢房屋南侧有小型绿地，是混合结构，一幢一户，面积80—150多平方米，带有卫生设备、水电设施。东面共有4排三层房屋，混凝土结构，外墙为青、红砖清水墙，室外水泥楼梯上楼，房屋北面是长连廊，从连廊进入家庭，为日式外廊式宿舍。4排有72户可以居住，每户40多平方米，有独立卫生间，据说是给日籍职工居住（图4-9），这个里弄是这一地区最优质的里弄住宅。

图4-7　当年联排式住宅（荣德扬摄）

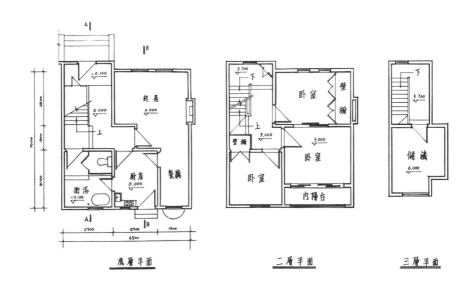

A
B
起居
0.000
上
厨房
0.000
餐厅
浴
-0.100
0.500 2.500 1.500
6500

底层平面

二层
2.700
卧室
壁橱
上
3.000
壁橱
3.000
卧室
卧室
内阳台

二层平面

下
5.700
储藏
6.000

三层平面

图 4-8　联排式房屋平面图（荣德芳绘）

　　早年这里没有自来水供应，日本企业自己打深井取水（在马路对面工厂内），排管向弄内供水。可能因为水压不够，里弄大门边上还建有一个水塔。据说这个水塔还可以作为瞭望塔用。由于没有污水处理系统，日本人专门在小区内建设化粪池。里弄内服务设施齐全，有招待所、游泳池、医院、商店等，形成一个小区概念。据资料显示由根上（S.NEGAMI）建筑事务所设计的。

图 4-9　单身日籍职工宿舍

图 4-10　水塔兼瞭望台

链接：日本纺织企业

　　1895 年，中日签订《马关条约》，其中一条是允许日本资本到中国来开设工厂，自此外国资本开始进入中国，生产各种产品、生活用品。资料显示，1895 年 9 月，日本三井财团就派员进入上海，拨出 25 万日元，发起成立了上海纺织株式会社，开启了日本资本在纺织行业资本输出。1902 年，日本在华第一个纺织企业——兴泰纱厂在上海诞生。此后，日本加大对纺织业资本输出，"一战"时期，日本成为继英国后第二大对华资本输出国（占比 22.2%），至 1931 年成为第一大对华资本输出国（占比 50.9%）。尤其是纺织行业，至 20 世纪 30 年代，日资纺织厂成为上海纺织行业的重要组成部分，有同兴纺织、内外棉纺织、丰田纺织、公大纺织、日华纺织、裕丰纺织、大康纺织、上海纺织、东华纺织等。这些株式会社背后是三井、三菱等大财阀，其中规模最大的是内外棉株式会社。丰田纺织株式会社逐步转型为纺织机械厂（即 1949 年后上海第一纺织机械厂），战后丰田纺机转型为丰田汽车公司。

　　日本纺织企业在上海招募了大量纺织工人，据不完全统计，20 世纪 30 年代，拥有华工五六万人，也有人认为最多时有近 10 万华人员工，是外资企业招募华人劳工的第一大行业。由于设备先进，管理严格，日资纺织企业的劳动生产率、资本利用率远高于华资纺织企业，并获取了巨量的利润。

表 4-1　华商、日商纱厂劳动生产率比较

年份	平均每工人占有纱锭数（锭 / 人）		平均劳动生产率（锭 / 人）	
	华商棉纺织	日商棉纺织	华商棉纺织	日商棉纺织
1929 年	15.93	25.33	8.86	18.89
1935 年	19.19	32.39	15.07	26.19

日资纺织企业与其他外资企业不同，会建设企业职工宿舍。纺织行业是一个劳动力、纺织机器都密集的行业，日资纺织企业首先在日本招募了大量的技术人员和管理人员，这些日籍员工有的拖家带口，有的单身一人到上海工作，日资纺织企业为这些日籍员工建了日籍员工宿舍，而且入乡随俗，采用里弄封闭型式（弄口并配了门房保安，以应对逐年升级的反日风潮等）。同时日资纺织企业还建设了一批华工宿舍，而且是伴随着日本纺织企业在苏州河、黄浦江沿岸布局（纺织厂进出厂原料、辅料、产品等都是大宗产品，需要廉价的水运）。这些出现在日资企业周边的华工宿舍，当年被称为"华工工房"，集中设于原长宁区、静安区、普陀区、杨浦区辖内。而原闸北区、虹口区开发较早，日资企业无法找到大面积土地建厂和员工宿舍，因而，日资纺织企业没有布点这两个区。

有专家分析，日资纺织企业之所以建设华工宿舍是与纺织行业特殊性有关。纺织企业讲究规模，一家工厂需要上千甚至更多华工。在 20 世纪 20 年代，上海租界内公共交通虽已经普及，但上海边缘地区的公共交通并不发达，在工厂附近租房十分困难，为了维持纺织企业正常生产（那时一般纺织企业每天工作时间长达 10 小时，每月只有 2—3 天休息时间），需要在周边寻找能容纳这么多员工的住宿，这是一个难题。同样，日资企业希望员工技术提高，以便适应纺织业上下游一体化（即从轧花、粗纱、细纱、织布等）生产要求，希望工人尤其是技术工人能稳定长年累月在工厂工作，以提高生产技能，提高劳动生产率，因而建设了一批华工宿舍，使华工能就近上下班。当年华工家庭基本上没有钟表，无法确定上下班时间，日资企业就以工厂拉汽笛来为华工指示上下班时间。而日资内外棉企业还特地在员工集中的长寿路、西康路马路中间，以日本内外棉公司老板的名字建了一个仅次于外滩海关的大钟，钟塔高 14 米，钟声可传 3—4 公里，据说大钟每一刻钟敲响一次（和外滩海关钟一样），用以让华工掌握时间。

日资企业建设的日籍员工宿舍和华工工房在房屋质量上有巨大差别，而且华工和日华员工分开居住，这也反映了日本人的一种心态。

纺织企业的"包身工"制度也是一个绕不开的话题，这是上海纺织企业在 20 世纪 20—30 年代盛行的一种用工制度。夏衍的《包身工》一文形象地描写了这种用工制度，记叙了包身工的悲惨生活。1936 年，美国教授约翰斯通所写的《一城三界的国际焦点：上海问题》一书中，专门讲述了包身工问题："许多较大的工厂，特别是纺织业，都有妇女和儿童的合同工。雇主与包工头签订须按固定费率提供所需劳动力的合同。而包工头便从各个分包头那里获得劳工，这些分包头从农村地区招工，而这些地方的家长便以一定价格将年轻妇女和儿童三到四年的劳力一次性买断。在合同期内，分包头是这些妇女和儿童的监护人，向他们提供数量可怜的食物、寒酸的衣服和拥挤的住所。这些食物、衣服和住宿都得在他的雇佣关系结束之前偿清。如果原定合同期满后，工作日数不足，还必须补偿。这些因素通常会增加两到三年的劳动时间，在这之后，工人的健康状况已经严重恶化到不适合继续雇用的地步，便由源源而来的新劳动力取而代之。"而这种包身工宿舍也在华人工房中展现出来，日商纺织所建的和丰里中的包身工宿舍就是一个例证。

案例 2 定海路裕丰工房

提要：

1. 定海路 449 弄原名"裕丰工房"，原是日资裕丰纺织株式会社于 1923 年为华人劳工建造的里弄住宅小区，属当年在上海较早、最大规模的华人劳工宿舍。

2. 住宅小区采用里弄式布局，有两个进出口，一个在定海路 449 弄，一个在平凉路上，虽然通往平凉路上的里弄宽 6 米，但不常开。通向定海路的里弄宽度也近 6 米，由于定海路出口离工厂更近，所以一般员工走定海路更方便，因此在建造时注册主弄为定海路 449 弄。

3. 裕丰工房建造了 43 排 304 幢（门牌号）房屋，加之二层楼上楼下可居住两户，共可居住 600 多户住户，超过 1800 人，周边还建有一些小型服务设施以满足居住家庭的需求。

4. 裕丰工房由日籍在沪著名建筑师平野勇造设计，采用砖混（即砖与混凝土混合结构）结构，外加机制红砖清水墙，这在当时算是结构比较好的一种职工宿舍。

5. 裕丰纺织还在杨树浦路 3061 号，建设日籍职工宿舍。

裕丰工房（当年建造时的称呼）位于现杨浦区平凉路以南、定海路以西，里弄门牌号为定海路 449 弄。是日资裕丰纺织株式会社出资兴建，据说也由当年设计裕丰厂房的日本设计师平野勇造设计。里弄始建于 1923 年，分几批建设，共计建造南北 43 排 304 幢，可居住 608 个家庭（按原设计图计算），建筑面积达 2.58 万平方米。因以裕丰纺织株式会社名义建设，称为"裕丰工房"。

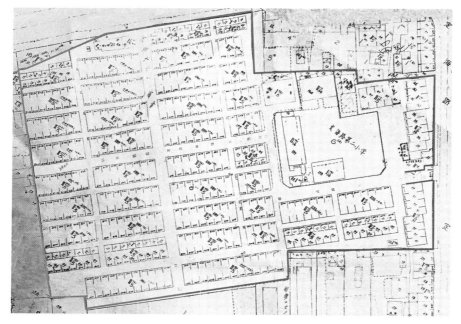

图 4-11　裕丰工房平面图（20 世纪 50 年代绘制的蓝图）

图 4-12　裕丰工房的主弄

图 4-13　裕丰工房的支弄

　　整个里弄呈长方形，内有一条贯通里弄的南北大通道，宽近 6 米，北面接平凉路，南面因为有工厂挡住不能通行，同时在主通道东西两侧有两条 3 米多的南北通道，不通里弄外部，用以内部人员通行。里弄东面有一通道，宽近 6 米通向定海路，由于定海路出口离工厂最近，大家都把这一进出口定为里弄主出入口，门牌为定海路 449 弄，弄口有过街楼。里弄内有东西支弄 10 条，支弄宽窄不一，最宽支弄有 4.5 米（两条），最窄支弄只有 2.5 米，相差很大，形成三纵十横的弄内通行道路系统。

　　里弄内典型的房屋是二层 8 幢连成一排房屋，房屋占地面积 280 平方米，每幢上下各 35 平方米建筑面积，可住两户家庭，楼上、楼下各一户，分门进出互不干扰。此里弄房屋虽然只有两层，但大多数是采用混合结构，即采用混凝土梁板式，加上砖墙（大多为红色机制砖），这种两层楼房采取钢筋混凝土结构在上海并不多见，质量上乘。屋面采用红色机制平瓦，门窗为木制。每户进出都在北面，一楼直接从门进出，门尺寸较小，只有 0.8 米宽，高不足 2 米。二楼从楼梯上楼，楼梯直接暴露在外，一楼楼梯外没有门。

　　典型房屋每户家庭建筑面积 35 平方米，房屋宽近 4 米，进深 8.6 米，层高 2.9 米，二层檐口高 2.4 米，因是斜坡屋顶，室内中间更高。屋内没有卫生设备，里弄内有公用厕所，据说也有人家是自备马桶，采用倒马桶方式解决大小便。室内没有自来水，里弄内采用公共给水站，集中供水。一个家庭一般是南面住人，北面室内烧饭等。这种居住条件在 20 世纪 20—30 年代，如果子女不多，家庭人口在 3—4 人，这样的

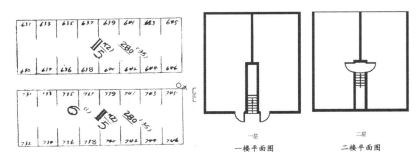

图 4-14　裕丰工房的典型房型（沈爱峰绘）

居住条件也算是中下等水平。

据有关资料记载，华工若一家居住，是要支付房租的，每月 2—3 元，而如果是单身劳工，一个房间可以住 3—4 人。这里居住大多是工厂正式职工，并不包含所谓的"包身工""养成工"，包身工、养成工居住条件更差。据说在弄内最南端，有一批木楼板的质量较差简易式住宅是供包身工、养成工居住的，现在已经看不见了。

据估算单这个里弄住宅小区，就可以住华人劳工 600 多人，加上家庭至少可居住 1500 人，因此还在周边建设了小型配套设施，如理发、小菜场、小卖部等。日本纺织企业采用这种里弄式大规模劳工住宅，是有利于日本企业的。当年日本纺织厂，每班 10—11 小时，若劳工住得较远较分散，上下班又无交通工具，十分不便，也不利于生产。而且当年一般家庭并无时钟难以掌握时间，而住在工厂周边，是以工厂汽笛声为上下班信号，有了劳工宿舍，例如裕丰工房，走到工厂只需十几分钟，对工厂生产是十分有利的。

图 4-15　裕丰工房房屋北侧入户门与楼梯　图 4-16　裕丰工房房屋东侧山墙

裕丰工房以其规模大而著称，同时在杨树浦路 3061 弄还有裕丰纺织株式会社安置日籍员工的工房，此条里弄内的住房与定海路 449 弄裕丰工房，无论是规划设计还是建造质量都相差甚远。杨树浦路裕丰工房建于 1924—1934 年，分几期建设，共计 17489 平方米，建有二、三层砖木结构住房 16 排 80 幢（门牌号，已拆除部分）。里弄内根据日本管理人员级别不同，分为 A、B、C、D 四种不同等级房屋，每幢一户家庭，最高等级 A 级一户为室内七房一厅布局，最低等级别是一房一厅布局，差距巨大。

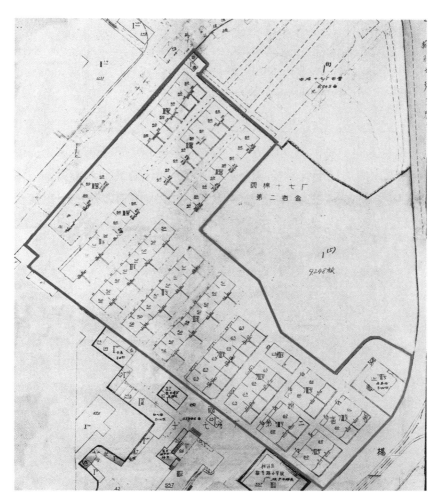

图 4-17　杨树浦路 3061 弄平面图（20 世纪 50 年代绘制的蓝图）

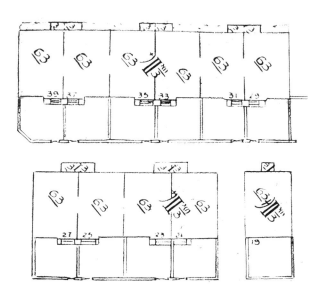

图 4-18　杨树浦路 3061 弄房屋平面图

　　图 4-18 是典型的假三层房型，每幢建筑面积 158 平方米。南面还有小型庭院，周边还配有学校、医务所、网球场、游泳池、小卖部、菜场等。据说杨树浦路 3061 弄是当年上海日本企业中日本员工职工宿舍规模较大、等级最多、配套最齐全的里弄住宅小区。

链接：裕丰工房（国营上海第十七棉纺厂宿舍）与平野勇造

　　日资裕丰纺织株式会社于 1923 年在上海建厂，其工厂规模很大，在黄浦江边，有利于原材料棉花等运输入厂和织成布外运。地名为杨树浦路 2866 号，占地面积 182 亩，厂房为钢筋混凝土及钢结构组合而成，很是先进，虽经百年仍然很为壮观，现已成为工业遗址了。

　　1945 年抗战胜利，国民党政府接管裕丰纺织株式会社，成为"中国纺织建设公司"的一个下属企业，其两处宿舍也同时被接管。1949 年改名为国营上海第十七棉纺织厂，其两处职工宿舍也改称十七棉纺织厂职工宿舍。此厂成为上海最大、最有名的三大棉纺织厂之一。最高峰时，该厂有职工上万人。

20世纪90年代上海纺织业不景气，在有关方面安排下，国棉十七厂压锭（即将纺织机器销毁）减员关厂，上海规模最大（也可能是全国最大的）、建厂时间最长的纺织厂从轰隆的机器声走向寂寞。幸好作为工业遗存，工厂建筑被保存下来，变成一个国际服装展示中心，成为网红打卡地，每年到访顾客超过300万人。而定海路裕丰工房居住条件差，全体居民已动迁，但该住房是保留还是拆除暂无定论。杨树浦路3061弄内的日本职工宿舍，因其建造质量较高，除部分拆除改建高层住宅外，其余部分仍作为住宅使用。

裕丰纱厂及宿舍设计师平野勇造是个传奇人物，其出身贫寒，但聪明伶俐、记忆力强，跟随他人学会了外语。他一直希望去外国念书，1883年他登上了去美国的货轮偷渡出境，来到美国后一边打工，一边复习功课，竟然考取了加利福尼亚大学，学习建筑学，并凭着他的天赋和努力完成了学业。1890年平野勇造回到日本，他是日本第一代留美归国建筑师，开启了新的人生。由于出色设计，1894年日本大老板平野富二认他为养子，并将女儿嫁给他，因而改名平野勇造。平野富二与日本大财团三井洋行老板是老朋友，平野勇造进入三井洋行，并被委派到上海工作。

平野勇造在上海留下了许多建筑设计，1903年设计了四川中路、福州路上的三井物产上海支店大楼，1920年又设计了外白渡桥边上黄浦路106号原日本驻上海领事馆，更是名声大噪。原马立斯花园（即现在的瑞金宾馆）业主将花园东北角一部分土地约6亩出售给三井洋行，1924年平野勇造设计建造了三井大班住宅——三井花园。同时，平野勇造还在上海为日本企业设计了许多工业建筑。

裕丰纱厂也是平野勇造的一个力作，该厂房采用钢筋混凝土与钢结构的厂房，这在当年非常先进，到今天已有100年的历史，仍然坚固耐用，外墙全部采用机制红砖（厂内只有一座水塔是采用机制青砖），十分典型，也是平野勇造设计房屋的一种特色。裕丰纱厂位置在黄浦江边，占有近300米岸线建造码头，不仅可以利用苏州河—黄浦江运输棉花等，也可以停靠长江轮船及远洋船只，河、江、洋三种船舶都可以停靠，经济实用。值得关注的是裕丰纱厂不像其他纺织厂要建烧煤的锅炉房，而是采用从隔墙的上海电力公司杨树浦发电厂接进管道，利用电厂余热作为工厂蒸汽之用，降低了成本。该厂还直接从杨树浦发电厂接进电力，从较近的上海自来水厂接进自来水，还从黄浦江抽水自用，使该厂取得较好的经济效益。裕丰纱厂在上海只有两家工厂，在日本系纺织厂中并不名列前茅，但其产品质量稳定，在上海有一定知名度。抗战胜利后被中国政府接管，1949年后改名"国营上海第十七棉纺厂"，是上海少有的万人纺织大厂之一，成为上海纺织业的龙头企业。

二、中国企业职工宿舍

案例3　中行别业（中国银行宿舍）

提要：

1. 中行别业是华人企业中，最早在上海建设的职工宿舍。

2. 中行别业第一期于1924年开工建设，最后一期于1947年竣工，前后建设达23年之久，这也是罕见的。

3. 中行别业的设计是以建设一个理想社区而设计的，在里弄小区内建有大量配套设施，如小学校、幼儿园、理发室、小卖部、球场、银行服务等。最具特色的是里弄内按中国银行内部员工等级建造不同标准的住房，中国银行除最高层的董事长、总经理外，从副总经理到一般底层员工都居住在这个里弄里，享受这些配套设施。中国银行职工居住在中行别业内，算是对员工的一种福利。

4. 中行别业里弄的规划建设很有特色，只有一个大门，平时门禁森严，在里弄内不同种住宅分组团建设，互相区别。在整个里弄内有三个大于1000平方米的大广场（空地）供居民休憩、小朋友玩

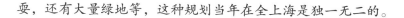

要，还有大量绿地等，这种规划当年在全上海是独一无二的。

中行别业（中国银行宿舍）位于万航渡路 623 弄（原地名为极司菲尔路 96 号），占地面积 46.17 亩，从 1923 年开始建造到 1948 年共建有住宅等房屋 136 幢，建筑面积 5 万多平方米（因为在建造中，有拆除、新建、增建等原因，数据多有变化），至 20 世纪 80 年代统计，共有居民 1200 多户，4000 多人居住在内。

里弄入口（图 4-19 中 A）是一个近 2000 平方米的水泥地广场，白天作为学校和职工家属活动的场地，晚上停放银行上下班班车（中行别业距外滩中国银行大楼路途较远，因此采用班车接送员工上下班）。B 是一幢钢筋混凝土大楼，作为职工子弟小学，取名"中振小学"，每层楼层

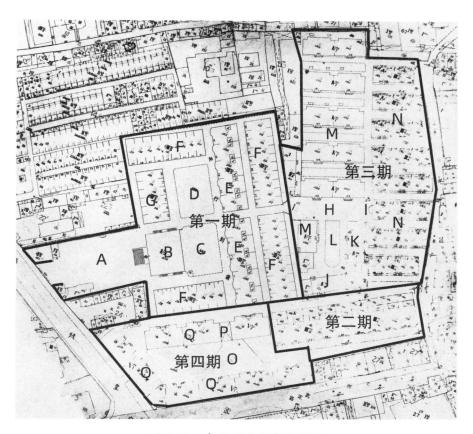

图 4-19　中行别业分期平面图

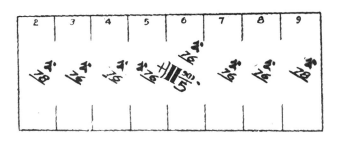

图 4-20　中行别业 F 型房屋平面图

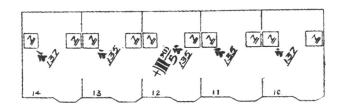

图 4-21　中行别业 E 型房屋平面图

高很高，二层还有一个大会堂，可以开会并搭有舞台可以作为演出场地。C 是学校后面的封闭园地，供学生种植作物实验之用。D 是一个开放球场，供学生和家属打球活动之用，平时也作为学校上体育课之用。E 是二开间假三层住宅，没有卫生设备，共 10 幢；F 是单开间假三层住宅，没有卫生设备；G 和 F 一样是单开间假三层住宅，但其一层开设诸如理发室、合作社、小卖部等服务性用房。

　　整个第一期是采用围合式布局，即围绕学校布置住宅，俗称"老房子"。这些住宅外墙均为黑色砖砌清水墙，门窗均为木质。E 型房屋每幢约 270 平方米；F 型房屋每幢约 154 平方米。E、F 房屋每幢安置 2 至 3 个家庭，这些住宅主要是供中国银行主任科员以下的一般职工居住。现在 E、F、G 型房屋已拆除，进行成套房屋改造，成为新工房了。

　　第二期，共 9 幢联体大宅，俗称"九幢头"，供中国银行副总经理等高层居住，钢筋混凝土结构，每幢房屋约 510 平方米，内分为主屋、附屋，中间有一个大天井。主屋三层二开间，约 350 平方米，附屋四层共 160 平方米。主屋、附屋均有卫生设备，主屋内部装修豪华，门窗、地板均为硬木制作，附屋有 10 多个房间，作为仆人居住和厨房、储藏室等。9幢楼前有1000多平方米的长方形大绿地，每幢楼均可从一楼客厅开门进入绿地。

第三期，其中H是比A略小的广场，I是广场尽头附在一幢联体房屋侧面墙上的一个纪念碑及装饰物，是抗战胜利后为纪念在抗战时期因抵制汪伪政府发行的伪币"中储券"而被汪伪"76号"枪杀的中行职员，现已拆除。J是一幢为安置中行单身员工而建的宿舍，为四

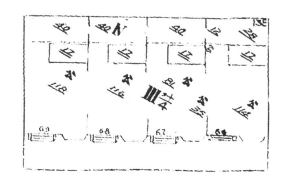

图4-22　中行别业"九幢头"房屋平面图

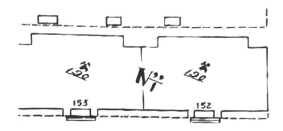

图4-23　中行别业四层老公寓房屋平面图

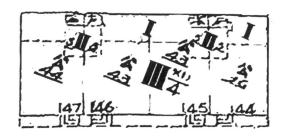

图4-24　中行别业三层连体别墅平面图

图 4-25　原中振小学　　　　图 4-26　中行别业"九幢头"大宅

层，内部为长走廊、公用厕所等。K 是一个两层的幼儿园，门口有一个小型的戏水池，供小朋友玩耍。M 是公寓式住房，俗称"老公寓"，共 11 幢，均为四层，每层两户，每户约 85 平方米，套内为三房，均为钢窗、硬木打蜡地板，带有卫生设备，这种四层的公寓式住宅，档次相对较高。

　　三期还有一批三层连体别墅是一种联排式住宅（即连体别墅），当时俗称"新单幢""老单幢"（可能是分两次建造）三层，每幢约 136 平方米，开间为一间半，一间是正屋，半间为走道、楼梯，每幢住一户，共有 43 幢，内部煤气、水电、壁橱、硬木打蜡地板等，十分高档。三期这两种房型主要是针对科级及科级以上职员，为中国银行中层干部居住服务。

　　1945 年抗战胜利，大批原来随中国银行迁移至重庆、昆明等地的员工返沪，1946 年中国银行在里弄内拆除了一些房屋，新建了 9 幢五层钢筋混凝土框架结构的公寓楼房（图 4-19 中第四期），俗称"新公寓"，每幢楼五层（该批楼房很高，号称上海沪西地区最高的住宅楼房，在屋顶平台上可以直接看见外滩的高层建筑），每层两套公寓，每套公寓 125 平方米左右，内有 4 间正屋，一间保姆用房。每套公寓内有一套大卫生一套小卫生，还有两间卧室内设有衣帽间、专门储藏室等，每套公寓内装有小型热水锅炉（俗称"炮仗炉子"），可以自行烧热水洗澡、洗脸等。每户还专设有 380 伏、220 伏两种供电系统，可供大容量电器如冰箱、电炉等使用，设备设施先进。在两排公寓中间有大片绿化，还有一个装饰成海豹的喷水池。

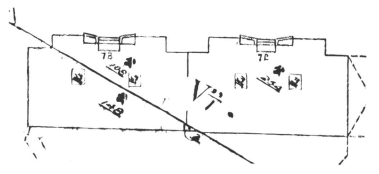

图 4-27 中行别业五层新公寓房屋平面图

图 4-28 中行别业小区鸟瞰图（部分）

图 4-29 中行别业新公寓立面图

在过街楼处还有用水泥浇筑装饰的文字"殖殖其庭，君子悠宁""筑室百堵，爱居爱处"等，增加了文化内涵。

整个里弄住宅小区布局清晰，类似现在所谓"组团式布局"，各个组团自成系统，各个组团之间互相联系，整个里弄内道路宽敞，布局得体，几乎每幢楼房门前都有车道，可供汽车通行。这种规划布局达到很高的水准，在上海里弄住宅中是独树一帜的。

中国银行因为要在全国各地、上海各处建分行、储蓄分理处，自己成立了一个中国银行建筑部，其中领军人物是毕业于英国的建筑师陆谦受。他与英国著名设计公司公和洋行共同设计了外滩的中国银行大楼，原设计为 34 层，为当时远东地区最高的建筑物，可惜因种种原因，最终租界当局只批准建 17 层。所以中行别业内部房屋规划设计、设备设施先进是有基础的。

像中行别业这样的以社区概念规划，由中国银行自己设计建造的带有多功能内容（如学校、商店、服务等）的社区，又有各种不同建筑物构成不同级别职工混合居住的大型里弄，在上海只有一个，这种超越当年认知的社区里弄概念是值得研究和探讨的。

链接：中国银行与中行别业

中国银行可以称为中国最早的国家银行。1905 年清朝政府设立"户部银行"，开创了我国最早的国家银行。"户部"就是管理清朝政府财政、税收的部门，"户部银行"也就是政府财政、税收的银行。1908 年改名为"大清银行"，并发行银币、纸币，成为现代意义上的银行。1911 年辛亥革命后，改组为"中国银行"，与交通银行共同成为政府许可的发行纸币的银行。至 1926 年，中国银行存款达 3.28 亿元，占全国华资银行存款的 35.1%；发行钞票为 1.37 亿元，占全国华资银行发钞的 60%。南京政府成立后，1928 年，中国银行总管理处迁到上海，并被指定为特许的国际汇兑银行。1934 年，中国银行在全国、全世界机构有 157 个，员工 2528 人，存款 5.47 亿元，贷款 4.12 亿元，占全国一半以上。1934 年，准备新建办公大楼，负责人为贝祖诒（即贝聿铭之父，而贝聿铭又设计了香港中国银行大楼，也算是父子传承），设计由公和洋行和中国银行建筑课长陆谦受共同拟定建造 34 层高大楼，建造商由陶馥记承造，造价 181.3 万元，后因种种原因降至 17 层。

中行别业建造也有一个传说，20 世纪 20 年代初，一位中国银行资深低级别员工去世，银行总经理宋汉章去凭吊时，发现一家四口挤居在石库门楼下一间不足 20 平方米的客堂内，因为停灵，家人将室内的床铺、桌橱等尽数拆除和搬出，还将客堂的落地长窗拆除，延伸到天井，状况十分不堪。宋汉章见状十分不安，在 1923 年 10 月的董事会上提出为职工修造宿舍，经董事会通过，后选址建造中国银行宿舍取名为"中行别业"。

抗战初期，中国银行在外滩租界内办公，根据国民政府指示，拒绝使用日伪中国储备银行发行的"中储券"货币，引起汪伪政府不满。汪伪政府指使极司菲尔路76号特务机构在中行别业（在华界范围内）枪杀中国银行职工。为了纪念这些员工，抗战胜利后在三期广场东面新单幢一幢楼的侧面建了一个纪念碑，碑上文字记载了当年的情况，还在该幢楼的侧面墙上装饰了几个飞天的仙鹤，以作纪念，现已拆除。

中国银行虽然资金雄厚，但并不过多投资房地产业，历数中国银行物业，主要有外滩中国银行大楼，是总部管理处用房也兼有部分房屋出租；四川北路海宁路口中国银行虹口大楼，底层为银行营业部，楼上房屋出租；南京西路石门一路同孚大楼也是底部几层为银行营业部，楼上房屋出租；南京西路石门二路德义大楼原为程瑾轩家族财产，因程氏家族破产清算，将该大楼过户给中国银行；其他还有一些在苏州河沿岸的堆栈仓库等。而万航渡路中行别业作为职工宿舍，不是其真正意义上的房地产开发项目。1949年后，中国银行经历了多次改革，但外汇业务一直是其核心业务之一。时至今日，中国银行成为我国国内著名的银行之一。

案例4　永安里

提要：

1. 永安里是上海华资（或称侨资）最早建设的企业职工宿舍。

2. 永安里是上海最早建设的规模较大、带有卫生设备的里弄，房屋类型应该归类于新式里弄，然而其规划布局又与旧式里弄相仿，可能属于新式里弄、旧式里弄之间的过渡产品。

3. 里弄分两期建设，东部近四川北路是属于早期开发建设的，西部多伦路为二期开发建设，这两类房屋的外部装修有明显不同，后期建设的房屋外立面比前期建设的有明显提升。

4. 永安里作为永安百货投资的项目，优惠优先安置自己公司的职工，属于职工福利的一部分，也不排除有一部分房屋是按市场价

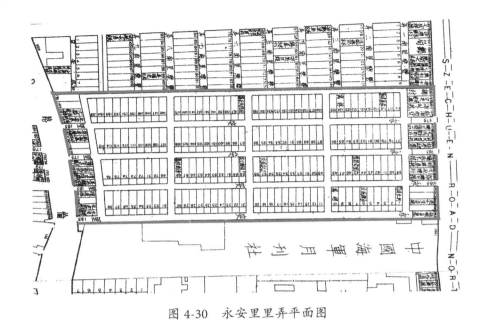

图 4-30　永安里里弄平面图

格出租。

5. 由于永安公司比较重视血缘地缘亲情，入住家庭大多为广东人，在四川北路一带形成了一个广东人聚集区。

永安里位于虹口区四川北路的 1943 弄、1953 弄、1963 弄、1973 弄，弄内整齐排列了 16 排共计 155 幢（门牌号）里弄房屋，沿四川北路的 1943 号至 1979 号沿街商铺和沿多伦路的 155 号至 191 号沿街商铺，共计 32 幢，这些沿街商铺楼上也为住宅。

永安里房屋属于单开间三层联排（列）式里弄住宅，砖混结构三层，除了沿四川北路、多伦路沿街房屋，其他住宅坐北朝南，户户毗连，联排而居。据资料显示，弄内靠四川北路房屋建于 1925 年，靠多伦路房屋建于 1945 年。按照房屋的外形和内部布局，整个里弄可分为三个区域，占地约 1.4 公顷，总建筑面积约 24633 平方米。因是永安公司老板所建，取名为"永安里"。

整个里弄虽装有抽水马桶等卫生设备，应归类为新式里弄，而里弄总体布局却延续了旧式里弄格局，沿四川北路有四条主弄进入里弄，

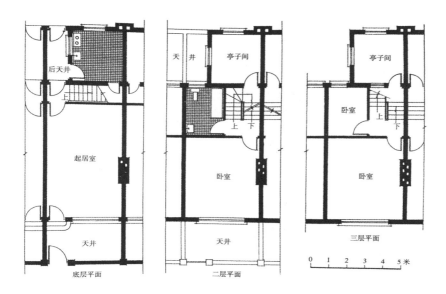

图 4-31　永安里房屋平面图

除最南面（1943 弄）通道宽度近 5 米，其他三条里弄入口（1953 弄、1963 弄、1973 弄）均只有 3 米多，弄内南北通道有五条，宽度只有 2.3 米，使整个里弄略显局促，与原旧式里弄一样，而且以"里"来命名，有旧式里弄的遗风。弄内每幢房屋南面有一个小天井，但已取消了石库门形式，采用低围墙小铁门，很明显是旧式里弄向新式里弄过渡时期的作品。这种旧式里弄布局拉低了永安里的档次，与原静安区、原卢湾区同时期建设的新式里弄有很大区别。

每幢房屋均为三层单开间布局，面宽为 3.8 米。后部二至三层均有亭子间，四层为晒台。底层厨房有烟道，室内一至三层的起居室、卧室均有壁炉和烟道，设有卫生三件套，住房标准比较高。

整个里弄房屋的立面比较丰富，每幢房屋的底层改高围墙为低围墙，围墙上部镂空以类似的宝瓶座做装饰，内有小花园，铸铁栅栏门，门柱顶部有一个水泥砌成的花盆。

以第三条支弄为例，西侧房屋的底层入户门上有三角形小雨棚，底层和二层的窗楣装饰有西洋花纹的窗套，三层有挑出的铸铁栏杆阳台，落地长窗。东侧房屋立面稍显简单，有部分房屋二层为内阳台，栏杆为

图 4-33　永安里底层围墙

图 4-32　永安里过街楼

类似宝瓶座装饰，一至三层的窗均无窗套装饰。屋面为双坡屋面，瓦片为机制红平瓦，过街楼顶设有封火墙，整排房屋每隔四至五幢也设有封火墙，房屋顶上还装饰有英式烟囱。

永安里分几期建设，沿四川北路应为一期，永安里里弄可分为三部分，在外立面装饰上有明显不同，多伦路沿街房屋更接近于后期的新式里弄装饰。

此里弄为当时永安公司老板郭氏出资为其公司中高级职员所建。郭氏是广东香山人，由于广东人的地缘、业缘和亲缘关系，永安公司招聘了大量广东人。永安公司投资建设永安里，又优惠入住永安公司中高级管理人员，使四川北路这一带形成了广东人的聚集区，从而影响了这一地区的人文生态，这也是一个意外的结果。

永安里也是上海著名的"红色里弄"。永安里早期地处租界、华界交界处，是城市管理接合部。所处地段人口稠密，流动频繁，热闹繁华，便于隐蔽，加之弄内五条主弄并行，弄堂一头通向四川北路，一头通向多伦路，永安里的这些特征，为中国共产党的活动提供了很好的掩护。44 号是周恩来在沪早期革命活动的一个秘密地点（周恩来堂伯母家），135 号是原中共中央联络处旧址。

图 4-34　永安里鸟瞰图　　　图 4-35　永安里沿多伦路街面房屋

链接：永安公司

　　永安公司由郭乐、郭顺兄弟创办，郭乐 1874 年出生于广东香山，他在家中排名第二，兄长郭柄辉于 1881 年去澳洲发展，1890 年郭乐也远赴澳大利亚谋生。1897 年，郭乐积累了一些资本，与另外几位华侨盘下一水果店，取名"永安"，资本 1400 澳镑，其弟郭顺也加入经营。1902 年，郭乐联合其他华侨进入斐济水果生产经营，由于种植香蕉和香蕉贸易大获成功，郭乐与他人共同经营的公司购地 2000 多英亩辟为香蕉园，雇用工人 500 多人，一年利润可达 40000 英镑，后又扩大香蕉种植，盈利很多。

　　郭氏兄弟经营得法，积累了大量资金，也学会了一套经营管理和应对商业竞争的方法。他们在澳大利亚各城市考察了各种百货公司，也看到、学习其管理方法，尤其是安东尼·荷顿和大卫·琼斯这两家大型百货公司，对郭氏兄弟启发很大。1907 年，郭氏兄弟到香港发展，先筹资 16 万元港币，成立永安公司，又获得汇丰银行 60 万元港币贷款，因而永安公司在香港发展迅速。1915 年，郭氏兄弟筹资 50 万元港币，又公开募资股份扩大到 200 万元港币，在上海开设永安百货公司。永安百货公司在南京东路一开业，就成为上海百货业的翘楚。同时郭氏兄弟也搞房地产开发和其他如纺织厂等多种生产经营活动，在上海发展得风生水起。

1925 年，永安百货公司在四川北路建成新式里弄住宅永安里，对永安公司中高层管理人员、一般职工及广东籍人员优惠出租，因而在这一地区形成了一个广东籍人员聚集区，而由于永安公司的职工收入在上海同行业中是属于中等偏上，他们也有能力租住在此小区。

表 4-2　上海永安百货商场各类人员平均工资（1925—1931 年）

单位：大洋元

项　目	1925	1926	1927	1928	1929	1930	1931
管理	135.40	148.18	166.88	171.80	182.73	176.85	194.90
部长	58.94	66.69	76.37	80.26	86.51	93.16	100.59
账房间职员	63.35	72.1	76.76	80.17	85.37	87.69	93.29
一般店职员	22.22	24.05	28.32	27.34	29.53	31.06	32.03
技工	21.00	19.83	22.70	23.27	23.42	23.00	23.88
勤杂工	11.92	12.69	16.64	16.63	15.52	16.17	16.58
练习生	2.77	3.06	4.93	4.19	4.50	4.79	3.67

资料来源：根据上海永安公司历年账册及抽样调查 159 名一般职工的工资编制。

注：（1）抽样调查的职工，都是工作时间比较长、公司认为工作比较好的。

（2）一般店职员指营业员、职员。

由于没有收集到永安里每月房租是多少，只能运用比较法来估算。距离永安里不远的山阴路上的大陆新邨，20 世纪 30 年代鲁迅居住于此，一幢三层联体住宅（新式里弄）每月房租 60 元（银元）。大陆新邨的房屋质量、外部装饰都优于永安里，因而可以估计永安里一幢房屋的月租大约在 50 元（银元）左右。对照永安百货公司一般职工收入，支付能力可能是不够的，如果是两个家庭共同承租一幢三层的永安里房屋，估计还是有能力的。如果是永安百货公司职工再享受优惠，那就能安居乐业了。

永安百货公司在 20 世纪 20 年代有 900 多名员工，培养了一批优秀的商业营销员工，同时别出心裁地培养了一批女营业员，1930 年开始雇用女职工，1937 年时有 51 名女营业员，大多有高中文化水平，外语、华语、上海话、广东话都能听懂，成为上海百货公司的新形象。由于经营得法，永安百货公司与后来的大新百货公司（即现在第一百货公司）一直执上海百货业牛耳。南京西路、铜仁路口的两幢相仿的白色豪宅，见证了郭氏兄弟的经营成功，也成为郭氏兄弟在上海的最后纪念。

里弄式职工宿舍是上海特定历史条件下的一种产物，从 1843 年上海开埠到 1937 年全民族抗战爆发前，为了适应上海经济的飞速发展，进出口贸易及外资工厂、华资企业的快速增加，上海城市人口尤其是租界人口迅速增长，当时不论是外资房地产开发企业，还是华资房地产开发企业，都增加投资建设住房，还以高额房租取得丰厚的回报，但上海一直存在房荒的情况，租房难、租房贵也是上海的一大特色。这种状况给企业带来很大的影响。首先是企业、单位高级管理人员如何安置住房，只有两种可能，一种是提高薪资，让高级管理人员自行解决住房问题；一种是企业提供住房。一些利润、收益丰厚的单位，则采取后一种办法，即由企业（单位）提供住房，最典型的是上海海关，对高层管理人员提供非常优越的住房，不论是海关关长还是高级管理人员都给其提供超级豪华的住房。海关关长是豪华大花园洋房，高级管理人员是集中式英式三层洋房（即现在的上海警备区司令部），还配有图书馆（即现在的静安区图书馆）等。又如公共租界的巡捕房对聘来的外籍员工和华籍员工提供住房，在原静安区、虹口区、杨浦区都建造了大楼型的员工宿舍，用以解决巡捕的住房。而一些利润丰厚的企业，尤其是金融行业，也建造了一批职工宿舍，不仅是前文介绍的中国银行，还有北方来沪的金城银行，在南京西路、常德路口，建造了名为"金城别墅"的新式里弄以安置高级管理人员，还在原普陀区安远路建造了"金城里"（虽然使用了"里"这个名称，但其房屋是新式里弄，有卫生设备），其他一些银行也有类似安置员工的房屋。一些企业本身也开发房地产获取利润，如永安百货公司，在四川北路开发有永安里（新式里弄），不仅正常出租，还以优惠价格租给自己员工居住，一方面是对员工的福利，另一方面也是赚钱需要，这就在四川北路形成了一个永安公司职工社区，直接影响当地的氛围，不仅形成了永安公司职工聚集，还形成了广东籍人口的集居区。以上这些职工宿舍大多是企业（单位）主动投资建设的，或用以福利或用以赚钱。

企业建职工宿舍，主要有几个条件：一是企业生产经营状况较好，有多余的资金建造职工宿舍，比如中国银行，经营状况较好，有能力为职工建宿舍，让职工及家属居住；二是这类企业希望职工不轻易流失、跳槽，安居乐业；三是希望职工对企业有归属感，愿意为企业出力。这种企业在当时并不多见，如果说企业高管人数不多，优惠高管的住房不需要太多资金，而建造面向全体职工的宿舍的企业却是很少见的。中国银行宿舍，不仅规模大、户数多，还有一个特点是全银行从副总经理到一般职工都居住在一个里弄小区内，这在当年等级观念、贫富差距大的社会形态里尤其不易，仅此一家，它开创了一种企业员工同心协力、共同搞好企业的氛围。

在研究归类职工宿舍时，发现当年日本人举办纺织厂而建的职工宿舍数量不少，情况比较特殊。据统计，直到1937年全民族抗日战争爆发前期，日本在上海创办纺织企业大约有八大系统，常年有华人劳工五六万人，是上海外资企业雇工第一大户；而这些日资纺织企业中，几乎有半数企业都自建职工宿舍，不仅建有日籍员工宿舍，还有给华工居住的宿舍。仔细分析，日本企业在沪开设纺织厂，在日本招募了大量日本员工，这些日本员工到上海后需要居住用房，而日本人又是一个抱团生活的民族，因而建日本人居住的宿舍应该不意外。这种宿舍建设得很高档，例如隆昌路542路541弄的大康纱厂就建了143栋建筑，作为日方管理人员居住之用，全部是"和洋折中式"日本近代建筑式样，里弄内不仅有花园洋房、新式里弄式房屋，有水电卫生设备，还有游泳池、俱乐部等设施，属于较高等级里弄住宅群。又如许昌路 227 弄，公大纱厂宿舍也一样，建筑档次较高，进里弄有一幢"特"字号门牌的独立住宅，据说是董事长的住宅，还有几栋独立住宅，也是公司核心人物居住。此外有 90 多幢类似新式联排式三层住房，是给日本籍职工居住。整个里弄小区还配建了游泳池、网球场、小学校、俱乐部、小型医院等。再如杨树浦路 3061 弄裕丰纺织日籍员工住宅，前后 16 排 82 幢（门牌号），最高等级 8 套住房为一户内 7 室 1 厅，还有 B、C、D 等级，当年配有水电、卫生设备、壁炉供暖，还有先进的管道煤气等设备。

日本纺织企业建设华人劳工宿舍集中在三个区域，一是杨浦区，二是普陀区，三是原静安区，这三个区占了大部分。杨浦区主要是在平凉路一带，普陀区主要是在澳门路一带，静安区主要是在安远路、长寿路一带，而且规模都不小，比常见的里弄小区规模要大、户数要多。究其原因，纺织工厂规模大，要有大量工人，以达到规模化生产；而且由于周边地价便宜，建房成本低，企业尚能承受，也给工人一点优惠，希冀为资本家多创利。当然，日本企业是日、华员工分居的，不混住的。

综上所述，这几种情况都催生了职工宿舍的产生和发展，这在上海乃至全国是一种特殊历史条件下的特殊住房，由于其中一些职工宿舍是采用里弄式布局，因而本书也对此类房屋做了一个梳理和介绍。

表 4-3　上海开埠以来至 1949 年里弄式职工宿舍不完全统计

里弄名称	里弄类型	建造年份（年）	房屋结构	排	幢数	建筑面积（m²）	地址
九厂工房	广式里弄	1908	砖木二层		30	2008	锦州湾路 136 弄
九厂工房	广式里弄	1910	砖木二层		84	5490	锦州湾路 97 弄
九厂宿舍	新式里弄	1915	砖木平房、二层		179	17270	平凉路 1695 弄
恒丰工房	旧式里弄	1920	砖木二层		74	5036	许昌路 623 弄

里弄名称	里弄类型	建造年份（年）	房屋结构	排	幢数	建筑面积（m²）	地址
十九厂工房	旧式里弄	1920	砖木二层		247	34206	平凉路2767弄
九厂工房	广式里弄	1921	砖木二层		150	8076	周家牌路147弄
十二厂工房	旧式里弄	1921	砖木二层		132	8551	海州路108弄
二工房	旧式里弄	1921	砖木二层		116	7168	平凉路2272弄
西白林寺	新式里弄	1922	砖混二、五层		85	22199	隆昌路541弄
东白林寺	新式里弄	1922	砖木二层		58	4528	隆昌路542弄
十七厂宿舍	旧式里弄	1923	砖木二层		332	25800	定海路449弄
十七厂宿舍	新式里弄	1924	砖木二层		101	17489	杨树浦路3061弄
九厂工房	新式里弄	1924	砖混三、五层		62	11219	平凉路1777弄
纺三宿舍	新式里弄	1926	砖木二、四层		183	24600	许昌路227弄
上水工房	石库门里弄	1927	砖木二、三层		117	11282	江浦路157弄
扬州路工房	广式里弄	1931	砖木二层		64	4106	扬州路450弄
大纯工房	新式里弄	1940	砖木二层		77	5941	齐齐哈尔路205弄
永安里	新式里弄	1925	砖木三层	18	187	21000	四川北路1953弄
东麻里	旧式里弄	1912	砖木一、二层	4	44	1848	安远路403弄
和丰里	旧式里弄	1914	砖木二层	11	120	6841	长寿路891弄

里弄名称	里弄类型	建造年份（年）	房屋结构	排	幢数	建筑面积（m²）	地址
中行别业	新式里弄	1924	砖混二、五层		134	54263	万航渡路623弄
东洋工房	新式里弄	1928	砖木二、三层	18	79	15996	安远路899弄
金城别墅	新式里弄	1932	混合二层	6	53	9956	南京西路1537弄
毛一宿舍	花园里弄	1934	砖木一、二层		13	4691	余姚路750弄
中国纺机	新式里弄	1937	砖木二层	21	52	9221	江宁路881、921弄
绢毛工房	广式住宅	1909	砖木二层	7	49	4160	长宁路212弄
红庄	新式里弄	1946	砖木三、四层	5	40	6900	新华路73、84弄
阜丰面粉厂宿舍	石库门里弄	1904	砖木二层	5	52	3000	原莫干山路40弄
一工房	旧式里弄	1915	砖木二层	5	66	3170	长寿路750弄
二工房	旧式里弄	1916	砖木二层	6	57	3500	叶家宅路115弄
三工房	旧式里弄	1918	砖木二层	8	98	480	长寿路750弄
同兴工房	旧式里弄	1918	砖木二层	10	122	9900	澳门路524弄
第一毛纺厂	新式里弄	1920	砖木二、三层		38	32100	澳门路666弄
金城里	新式里弄	1936	砖木二、三层	10	62	12000	安远路188弄

第五章　上海里弄住宅
演变与进步

本书描述了旧式里弄住宅、新式里弄住宅、高端里弄住宅及职工里弄宿舍等上海里弄住宅，此种归类是一种住宅目录式归类，展示了上海里弄住宅（也可以泛指全上海住宅）的多样性和发展性，这种百年进步存在其内在的逻辑性和经济性。

一、里弄内道路演变和进步

里弄住宅与其他住宅最大区别是里弄住宅内部有道路，有主弄和支弄，这才形成所谓里弄住宅。上海最早在 19 世纪 60 年代开始建造里弄住宅，其最大特点是采用里弄道路布局，所有房屋都建在里弄道路边上，使人们能快速进入自己家房屋。早期旧式里弄因其规模不大，大多采用鱼骨状布局，即一条主弄几条支弄，由于水泥尚未普及，只能采用石板铺路。当年不论主弄、支弄都相对狭窄，主弄宽只有 10 英尺（3 米）左右（如兴仁里等），支弄更小。随着里弄住宅小区规模扩大，出现了多主弄、多支弄的规划布局，主弄宽度也逐渐放大，达到 4—5 米，而且逐步采用水泥路面（如慈厚南北里等）。20 世纪 20 年代，汽车在上海出现，为了方便汽车进入里弄以及交会、掉头，一些新建较高标准的旧式里弄将主弄放宽到 6 米或以上。以后建造的新式里弄、花园式里弄、公寓式里弄在规划时，都考虑到汽车在里弄内的通行，有的还建了停车库；更有高级小区在规划时，让汽车能开到每幢住宅门前，实现了汽车代步在里弄内的全覆盖，这是里弄规划的一个巨大进步。

二、新型建材使用使里弄房屋结构发生演变和进步

上海早期旧式里弄因为建材和建筑工人技术原因，只能采用中式立帖式房屋结构，即木柱、木梁承重，这使房屋建造质量和使用年限受到很大限制。19 世纪末外国木材（主要是美国洋松）大量进入上海，20 世纪初机制砖瓦在上海工业化量产成功，砖木结构的里弄住宅开始替代立帖式房屋结构住宅。机制砖促进了清水墙外墙工艺出现，黑红色镶嵌式清水墙更增添了外墙的艺术感。机制平瓦取代中式小瓦，不仅屋面美观，还减轻了屋面重量，又提高了屋面的防水性能。进口木材的普及，使建筑的屋面、梁、地板更平整，承载能力更大，同时促进了房屋内部木装修的进步和雕花、拼板等艺术化装修的出现。水泥及钢筋水泥的普及，出现了混合结构甚至钢筋水泥框架结构住宅，更加快了住宅建造的现代化。这些新型建材的普及，不仅提高了房屋质量和外观艺术性，还使 20 世纪 20—30 年代上海里弄住宅和其他房屋的建造追上了当年世界先进水平。上海建筑业还在外国设计师、工程师点拨和带领下，形成了一支数量庞大、手艺精湛的建筑工人队伍。据传，单是浦东川沙平均每三户人家就有一人从事建筑工作。这批建筑工人默默无闻、认真细致的工作，为上海建造了近亿平方米的建筑，其中上千万平方米建筑成为优秀建筑，一大批世界各国的优秀式样建筑物，组成了上海全新的外滩风景线和城市天际线，一个又一个街区的风貌时尚建筑遗留至今，成为上海宝贵的、不可多得的历史遗产。

三、里弄住宅中水电供应普及和卫生设备等先进设施安装使用的演变和进步

上海在 19 世纪末已有了自来水厂和发电厂，20 世纪初自来水、电力首先进入办公、商业场所和豪宅，20 世纪早期随着上海大规模里弄住宅建设，水电供应也进入里弄住宅，为一般市民所享用。1910 年开建的慈厚南北里已有自来水供应，采用给水站方式供水，每家每户备一水缸，购买自来水放在灶间的水缸内储存用水。供电是每户居民自己申请，电

力公司派员上门安装电灯并按灯头数量收费。1914 年开建的东西斯文里，自来水直接安装在灶间内，由于没有每幢房屋分设水表，因此由业主包付水费，电力供应也进入每幢房屋，也是按灯头数由租客直接付给电力公司。水电供应进入一般家庭，是具有划时代意义的重大变迁，所谓"十里洋场不夜天"的真正实现，领先于全国各地。20 世纪 20 年代中后期，随着租界污水系统的建成，不仅花园洋房可享用抽水马桶，一般中等收入家庭只要能搬入新式里弄居住，就可享用当年世界先进潮流的大卫生设备。根据资料显示，上海每年有一万多户家庭约五六万人口搬入新式里弄，享用大卫生设备。这种潮流迅速追赶上世界先进的欧美居住水平，使上海真正成为国际大都市和优良生活条件领先地区。

　　上海里弄百年快速建设和色彩斑斓的多样化发展，带动了上海建筑行业的迅速发展，带动了上海房地产业的畸形繁荣，使之成为上海城市的一个标记，而不同的住房环境又对上海市民阶层的不断分化和变异产生影响，使得上海这座城市成为全国城市的另类，也从某种程度上成为上海人的一种特质。这是一种无法事先规划和事后复制的意外结果，实在难以定性和评价。

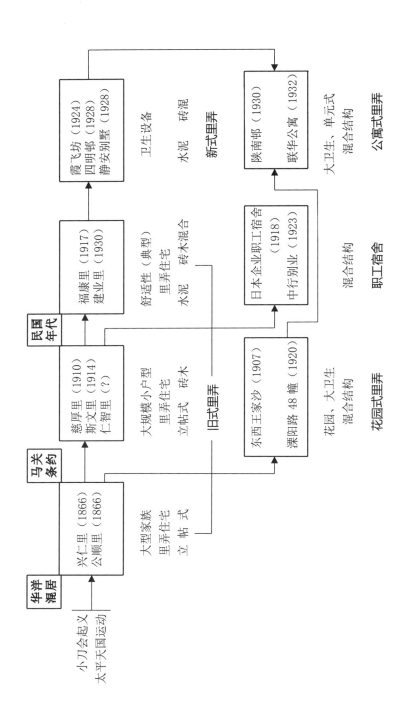

图 5-1 上海里弄住宅百年演进示意图

参考书目

上海档案馆编译：《上海公共租界工部局年报》，1865 年

上海档案馆编译：《工部局董事会会议记录》，上海古籍出版社 2001 年版

葛元煦撰，郑祖安标点：《沪游杂记》，上海书店出版社 2006 年版

承载、吴健熙选编：《老上海百业指南：道路机构厂商住宅分布图》，上海社会科学院出版社 2004 年版

朱邦兴、胡林阁、徐声合编，上海工人运动史料委员会校订：《上海产业与上海职工》，上海人民出版社 1984 年版

《上海市年鉴》，1934 年，1936 年，1937 年

上海市档案馆编撰：《上海租界志》，上海社会科学院出版社 2001 年版

上海市档案馆编撰：《档案里的上海》，上海辞书出版社 2006 年版

上海住宅建设志编纂委员会编：《上海住宅建设志》，上海社会科学院出版社 1999 年版

上海地名志编纂委员会编：《上海地名志》，上海社会科学院出版社 1998 年版

上海市黄浦区志编纂委员会编：《上海市黄浦区志》，上海社会科学院出版社 1996 年版

上海市静安区人民政府编：《上海市静安区地名志》，上海社会科学院出版社 1988 年版

上海市黄浦区人民政府编：《上海市黄浦区地名志》，上海社会科学院出版社 1989 年版

上海市卢湾区人民政府编:《上海市卢湾区地名志》,上海社会科学院出版社 1990 年版

上海市虹口区人民政府编:《上海市虹口区地名志》,百家出版社 1989 年版

上海市徐汇区人民政府编:《上海市徐汇区地名志》,上海社会科学院出版社 1989 年版

上海市杨浦区人民政府编:《上海市杨浦区地名志》,学林出版社 1989 年版

上海市长宁区人民政府编:《上海市长宁区地名志》,学林出版社 1988 年版

上海市闸北区人民政府编:《上海市闸北区地名志》,百家出版社 1989 年版

上海市普陀区人民政府编:《上海市普陀区地名志》,上海社会科学院出版社 1990 年版

上海市南市区人民政府编:《上海市南市区地名志》,上海社会科学院出版社 1982 年版

上海海关志编纂委员会编:《上海海关志》,上海社科院出版社 1997 年版

上海市地方志办公室编著:《上海名建筑志》,上海社会科学院出版社 2005 年版

上海房地产志编纂委员会编:《上海房地产志》,上海社会科学院出版社 1999 年版

上海市地方志办公室编著:《上海地方志》,上海社会科学院出版社 2005 年版

上海市地方志办公室编著:《上海研究论丛(第一辑)》,上海社会科学院出版社 1988 年版,上海市地方志办公室编著:《上海研究论丛(第二辑)》,上海社会科学院出版社 1989 年版。

上海通社编:《上海研究资料》,上海书店出版社 1984 年版

郑祖安:《百年上海城》,学林出版社 1999 年版

中国人民政治协商会议上海市委员会、文史资料委员会编:《旧上海

的房地产经营》，上海人民出版社 1990 年版

张仲礼主编：《上海近代城市研究》，上海人民出版社 1990 年版

陈正书：《论上海早期外资工业的起源发展及性质》，上海社会科学院 1989 年版

孙毓棠：《中日甲午战争前外国资本在中国经营的近代工业》，上海人民出版社 1955 年版

沈华主编：《上海里弄民居》，中国建筑工业出版社 1993 年版

万勇：《近代上海都市之心》，上海人民出版社 2014 年版

张伟等：《老上海地图》，上海画报出版社 2001 年版

冯绍霆：《石库门前》，上海文汇出版社 2005 年版

忻平：《从上海发现历史：现代化进程中的上海人及其社会生活（1927—1937）》，上海人民出版社 1996 年版

娄承浩、薛顺生：《老上海石库门》，同济大学出版社 2004 年版

马长林、黎霞、石磊：《上海公共租界城市管理研究》，上海文艺出版社 2011 年版

伍江：《上海百年建筑史 1840—1949》（第二版），同济大学出版社 2008 年版

邹依仁：《旧上海人口变迁的研究》，上海市人民出版社 1980 年版

陈炎林：《上海地产大全》，华丰印刷铸字所 1933 年版

熊月之、马学强、晏可佳选编：《上海的外国人（1842—1949）》，上海古籍出版社 2003 年版

中国科学院上海经济研究所、上海社会科学经济研究所编：《上海解放前后物价资料汇编（1921—1957）》，上海人民出版社 1958 年版

［爱尔兰］格雷戈里·布拉肯著，孙娴、栗志敏、吴咏蓓译：《上海里弄房》，上海社会科学院出版社 2015 年版

黄锡平、夏忠祥：《文化视野下的近代中国民居》，湖北人民出版社 2015 年版

李彦伯：《上海里弄街区的价值》，同济大学出版社 2014 年版

徐景：《近代上海历史建筑文化》，中国国际广播出版社 2006 年版

毛时安、张锡昌主编：《正在消逝的上海弄堂》，上海画报出版社

1996 年版

    王荣华主编：《上海大辞典》，上海辞海出版社 2007 年版

    王绍周：《上海近代城市建筑》，江苏科学技术出版社 1989 年版

    陈从周、章明：《上海近代建筑史稿》，上海三联书店 1988 年版

    熊月之、马学强、晏可佳：《上海的外国人（1842—1949 年）》，上海古籍出版社 2003 年版

    薛理勇：《老上海房地产大鳄》，上海书店出版社 2014 年版

    王唯铭：《与邬达克同时代》，上海人民出版社 2013 年版

    惜珍：《上海：精神的行走》，东方出版社 2021 年版

    邱力立：《觅·镜：旧时光里的上海滩》，机械工业出版社 2018 年版

    寿幼森：《上海老弄堂寻踪》，同济大学出版社 2017 年版

    曹炜：《开埠后的上海住宅》，中国建筑工业出版社 2004 年版

    梁允翔：《海上空间》，上海辞书出版社 2018 年版

    周慧琳：《近代上海四大百货公司研究》，同济大学出版社 2021 年版

    娄承浩、薛顺生：《上海百年建筑师和营造师》，同济大学出版社 2011 年版

    杨嘉祐：《外滩·源》，上海人民出版社 2012 年版

    苏秉公：《海派虹韵》，文汇出版社 2019 年版

    王萌：《抗日战争前期日本在华棉纺织业研究（1937—1941 年）》，华东师范大学 2012 年博士学位论文

    刘栋梁：《二战前上海日本棉纺织企业述评》，东北师范大学 2010 年硕士学位论文

    张长根：《走近老房子》，同济大学出版社 2004 年版

    龚德庆、张仁良：《静安历史文化图录》，同济大学出版社 2011 年版

    郑时龄：《上海近代建筑风格》，上海教育出版社 1999 年版

    熊月之：《老上海名人名事名物》，上海人民出版社 1999 年版

    田汉雄、宋赤民、余松杰：《上海石库门里弄房屋简史》，学林出版社 2018 年版

    马长林：《上海的租界》，上海古籍出版社 2017 年版

    徐洁、朱劲松：《相遇建业里》，同济大学出版社 2022 年版

上海社会科学院经济研究所编著：《上海永安公司的产生、发展和改造》，上海人民出版社 1981 年版

陈祖恩：《寻访东洋人：近代上海的日本居留民（1868—1945）》，上海社会科学院出版社 2007 年版

〔美〕小威廉·克兰·约翰斯通著，周育民翻译：《一城三界的国际焦点：上海问题》，上海书店出版社 2020 年版

附 录 一

上海里弄住宅与"上海人""上海话"

何品伟

在一本讲述上海里弄住宅的建筑历史书中，论述上海里弄住宅与"上海人""上海话"的关系，能让里弄住宅这样一个历史的物质性的存在，通过人的活动的呈现，成为一个非常生动鲜活的社会存在，是一件很有意思的事。

建筑是人类活动的重要载体。上海作为中国现代化城市的发轫之地，它的建筑特别是里弄住宅的历史，不仅是一部建筑的历史，更是上海开埠以来历史的物质载体。因为上海开埠以来城市的发展，在外观上最为明显的特征是城市建筑的变化。而这种变化的背后，是不断重塑的新型城市社会的人与人之间的关系演变过程。来自四面八方、有着各种生活方式背景、操着不同方言的人群，在一排排里弄住宅里集聚生活。生活空间和语言交流不断互补、融合，重塑人与人之间关系，渐渐形成"上海人""上海话"。上海里弄住宅特别是石库门之所以成为上海的标志性LOGO，是因为它浓缩、概括了上海的历史、文化，成为支撑上海社会林林总总的基本要素。

在上海里弄里，居住着形形色色的人群。这些来自各方的人在新鲜而陌生的都市里营生，并非是一个孤单的存在，而是成为社会学意义上的"社会组织"，也就是通常所说的各种"生活圈"的一员，其中最主要的是原籍圈、职业圈和居住圈。原籍圈，以血缘、亲缘、地缘为内核，即来自同一个省、县甚至乡、村，有着亲缘甚至血缘的关系，他们形成的最有特征的组织形式是"同乡会"，如宁波同乡会等。职业圈，即以职业为纽带的社会关系，小到同事、师徒（在那时是很重要的社会关系），大到同行、同业，其最典型的组织形式是"同业公会""行业工会"等。居住圈，即因共同居住于一栋房屋、一条里弄、一个街坊而形成的社会关系。居住圈的不同，在很大程度上表现出生活方式的不同，也折射出社会阶层的分化。原籍圈、职业圈和居住圈相互交叉甚至重合（比如姚家宅，居住的基本上是同乡甚至亲戚，中行别业基本上是同一银行职员）。这三种"生活圈"都具有互动性和公共性的特征，而居住圈因为居住空间（特别是里弄住宅空间）相对狭小，而使互动性和公共性（尤其是公共空间和资源利用）更加紧密、频繁；加之居住圈还具有匿名性（即使居住在一栋房屋，彼此之间的身份和生活信息并不透明），使得互动更有必要，更为畅通（由于身份背景被遮蔽，当事人会选择"合适的身份"便于交流）。操着不同方言的人，经过生活互动，语言慢慢融合，渐渐形成的移民语言"上海话"，成为普通人日常生活的"普通话"（相对较高社会层次的人群也会讲类似今天的"普通话"，不过那时叫"国语"，今天上海人揶揄他人讲普通话为"开国语"）。空间的条件和语言的逐步融合，特别西方文化和制度输入构成了当时社会生活的大环境，使得在上海里弄生活的人们形成新的共同的生活方式，慢慢孕育出一种与当时整个中国相比特征非常明显的人群——"上海人"。

一、上海里弄房屋与上海城市发展

1843 年，在开埠之前，上海人口约为 20 万（当年没有准确的统计数据，是估算，下同），到 1949 年人口为 546 万，在这 100 多年里，整整增长了 20 倍。人口的增长，无疑是经济发展的重要表征。人口的快速增长，就需要居住条件来保障。居住条件变化相比较而言，租界大大优于华界。租界居住条件变化的最重要标志，就是大量的里弄住宅尤其是石库门住宅的出现。那么里弄住宅主要的居住者是谁呢？让我们来看看上海的人口情况和分析。

表1　上海人口统计

年份	公共租界		法租界		上海市
	总人口（人）	外侨（人）	总人口（人）	外侨（人）	人口（万人）
1900	352050	6774	92268	622	108.7
1905	464213	11497	96863	831	121.4
1910	501561	13526	115946	1476	128.9
1915	638920	18519	149000	2405	200.7
1920	783146	23307	170229	3562	225.3
1925	840226	29947	297072	7811	
1930	1007868	36471	434807	12922	314.5
1935	1159775	38915	498193	18899	370.2
1942	1585673	57351	854380	29038	392.0

　　依据1845年的《上海土地章程》，租界渐渐形成。开始实行"华洋分居"的政策，那时华界（主要是指上海县老城）居住着近20万华人，租界更是人口稀少。外籍人口中，英租界只有210人，法租界只有十几人。上海城市发展的转机为1853年的上海小刀会起义和1860—1862年太平天国大军逼近上海。小刀会起义占据上海县城17个月，逃难进入租界的上海县人和周边县的人起初有3万多人，后来增加到5万多人。太平天国时期有近50万人逃难进入租界居住。小刀会起义和太平天国运动促使上海人口激增，外商、外侨看准机会，纷纷出手大量建房。由此租界人口大增，一改以前租界人少地广的形态，形成了人口密集的城市形态，上海租界新城雏形渐出。而为了快速低价建房出租给逃难华人居住，并取得优厚的利润，逐步形成了联排式二层楼房，军营式前后排列，并且前后左右封闭的模式——里弄房屋，形成了上海城市住宅发展的新形态。

太平天国运动平静后，因避难华人返回原居住地，上海租界人口一度回落。但此后，租界人口持续增加。为了让居住在上海租界里的华人有房住，外商、外侨大力建房出租给华人居住（当时因不允许华人在租界内购地建房，只能听任外商、外侨建房出租给华人居住，因而赚得盆满钵满）。进入租界工作、生活的华人，除了清朝政府大官、极少数华人富豪家庭及少数外商买办家庭，绝大多数华人家庭和个人都只能以租赁方式居住在外商、外侨建设的全国独一无二的里弄房屋之内。以1900年为例，43万多华人，至少有30多万人居住在外商建设的里弄房屋内（20世纪初开始，上海不论是在租界还是华界，都有华商投资模仿外商、外侨建设里弄房屋来取得高额利润的）。到1930年，根据上海人口统计：华界144万多人，公共租界100多万人，法租界43万多人。从大数看，上海约300万人口，华界与租界各一半。华界与租界在经济和社会发展上差异悬殊，在社会分层和居住分布上有明显的反映。里弄住宅绝大多数建造在租界，而在租界绝大多数是华人，且绝大多数华人居住在里弄住宅。

19世纪60年代，上海已有当时一个中等城市的人口规模了。然而这个城市与众不同，其外贸、内贸、加工业十分发达，初步成为全国第一大人口城市和第一大经济城市，并逐步成为近代中国多功能中心城市，在1850年便取代广州成为中国对外贸易中心。1949年以前，上海港口与世界100多个国家的300多个港口有贸易往来，对外贸易占全国总额的50%。从19世纪60年代到20世纪30年代，上海对外贸易值占全国总值的比重，在40%以上，最高达60%以上。20世纪三四十年代，上海的埠际贸易占全国总值的75%—80%以上。20世纪30年代，上海已成为中国最大的综合性海港，被列为世界十大港口之一。至1935年，中国共有银行164家，总行设在上海的有58家，占35%；加上在上海设有分支机构的银行，上海共有银行机构182个，无疑是当时中国的金融中心。在工业方面，1933年上海与当时全国12个大城市总数之比，工厂占36%，资本额占60%，生产净值占66%。到1947年，上海工厂数占全国12个大城市总数的60%。当然，新闻出版、文化教育、邮电通信等都列全国首位。

上海人口的持续增长，为上海经济社会的发展提供了充足的人力资源，而住宅，特别是里弄住宅，为居住生活提供了保障。经济发展，人口增长，居所供给三者良性互动，是推动上海成为近代中国多功能中心城市发展的重要因素之一。

伴随着上海经济的高速发展，从某种意义上分析，大量新建的里弄房屋内居住了几十万华人，既满足了这个城市经济发展所需的人力，同时这种里弄式居住方式，也给上海市民带来了一种全新生活感受，渐渐建立起不同以往上海乃至全国城镇的社会关系和社会结构，孕育着一种迥然不同于当时中国其他地区的文化。

二、上海里弄房屋与上海人

似乎很难对"上海人"简单定义。它不是如全国大部分地方一样，是一个地域、祖籍、出生等概念，也（至少当时）难以依族群、语言、生活习惯来识别。甚至在社会评价上也相当有趣，"上海人"对非"上海人"言及"上海人"身份时，基本含有自豪甚至自傲的神情；而非"上海人"对"上海人"的评价，说"你像一个上海人"是褒扬，而说"你不像一个上海人"也是褒扬。

上海这地方，几千年前就有人居住生活，开埠以前的几百年中，也因地缘、战乱、经济活动从各地而来逐渐定居于此。而真正形成"上海人"这样的群体，应该算是开埠以后的事。

开埠以后，除了经济快速发展带动了外地移民进入上海，增加了上海的人口，还有三次规模性的国内移民。据熊月之在《"上海人"的形成及其认同》中统计，第一次是太平天国期间，从 1855 年到 1865 年，上海人口净增 11 万；第二次是 1937 年到 1945 年，上海租界人口增加 78 万；第三次是解放战争期间，上海人口增加 208 万。开埠以后，还有大批的国际移民，"一战"结束，苏俄成立，大批白俄逃来上海。"二战"期间又有大批犹太人从欧洲来上海避难。尽管经商谋生等各种因素促成约 18 个省份、40 多个国家、数百万人移民上海，但显然，战争也是规模性移民上海的主要原因之一。

　　上海的国内移民来自江苏、浙江、安徽、福建、广东、山西等 18
个省区。据当年公共租界和华界对人口的分省籍统计，上海外来移民的
人数第一第二名分别是江苏、浙江，第三名在公共租界是广东，在华界
是安徽。按 1950 年 1 月的统计，江苏、浙江均超过百万；广东、安徽、
山东均在 10 万以上。大量的国内移民大大"稀释"了上海籍人口占上海
人口的比例，据专家引用的 1885 年以来的统计，上海籍人口占上海人
口的比例大约维持在 15%—20%。正是这些来自全国各个省份的移民，
构成了"上海人"的主体。

　　一波又一波持续不断的移民，对自己的身份，慢慢地由原籍认同过
渡到居住地认同。从开埠初期移民来沪的人，如果一直居住上海，应该
已有好几代人。移民时间越长，对居住地的认同越强。慢慢自认自己是
"上海人"，即使对仍在原籍的兄弟姐妹，也自称为"上海人"。

　　外省籍人员进入上海，特别是 1860 年后，大量外省籍人员进入上
海，原有以宗族、地域为纽带联系的人际关系，瞬间全部改变了。上海
这个五方杂处的地方，显现出两种新的人际关系：一种是工作、劳动中
的关系，如同事、师徒、师兄弟、工友之间的工作、谋生关系，这种关
系的核心是共存共利的社会关系，这种关系促使形成集体意识和团结互
助的利益共同体；一种是居住地的生活关系。由于大多数外来移民和本
地人都居住在上海这种新的里弄住宅之内，形成了一种新的里弄生活
关系。

　　一般而言，除了极少数里弄会有一批同省籍人士居住外，大多是全
国各地移民会聚居在一个里弄内。这种各地人聚居扩大了人们的地域交
流。有人对中国封建社会做过统计研究，一般家庭人员与亲戚朋友交流
的范围不超过 50 里路程（即一天路程），而上海里弄内杂处的邻居，在
籍贯上可能相距 100 里、200 里，甚至 500 里。在里弄住宅这一狭小的
空间里，进行着籍贯背景大跨度式的人际交流，又面临一个陌生的、日
新月异的社会，会产生一种全新的社会认知和社会关系。虽然外商建的
里弄住宅，其原始设计是一户人家租住一幢里弄房屋，但由于经济和历
史的复杂原因，渐渐演变成大多是几户合租一幢房屋（笔者曾以原静安
区斯文里为样本，做过调查并证实这一演进过程）。这种居住形态形成的

居住里弄内社会关系，更多体现为邻里友善、互相学习、互相帮助，使来自五湖四海的移民因居住而形成社会共同体，甚至为了维护共同利益而发起集体诉讼。原先以宗族、地域等为纽带的文化，渐渐演变为用上海话来描述的"远亲不如近邻"的人际关系。

在租界这种外来的资本主义大环境中，西风东渐，新的生产关系、文化意识、风俗习惯无疑主导着社会主流与方向，移民原有的品行与之契合的部分与主流融合，形成了一种全新的社会交往方式，一种全新的待人接物、处事务实的习惯和气质，形成所谓"上海人气质"。以后移民上海的第二代新上海人、第三代新上海人，也承接了这种气质，而且以自诩"上海人"为豪，大概就是这种气质的体现吧。

上海的租界，是列强强加于我们的不平等之地，与中国其他地方同样充斥着贫穷落后不公黑暗。但与当时中国的其他地方相比较，不论是城市发展环境建设，居民住宅生活条件，教育普及文化传播，上海的发展都走在全国前列。这种潜移默化造就了"上海人"先行独特的社会认知和文化认知，也内化成为上海人一种独特内在潜意识。上海开埠以后，中国多少大事新事都发生在上海，为世人瞩目，为各路俊才所向往，上演了一幕幕划时代的活剧。作为来自四面八方的移民，他们愿意以"上海人"来分享这份感觉。由于上海大多数人都为外地移民，因而也没有理由歧视外地人，而上海人口语中的"外地人""乡下人"，主要是认为那些人不熟悉、跟不上上海人的一系列先进的观念和规则，是对不守秩序、不愿学习规则的人的贬义词而已。

众多移民因为脱离了原籍而共同生活在一个全新的城市而成为共同体；因为所生活的城市在当时走在全国经济和社会发展最前列而为他人向往、仰慕而成为以此为荣的共同体；因为新的谋生方式、生产方式所形成的新的共同利益而成为共同体；因为里弄住宅这种特有的居住环境形成了新的社会关系而形成共同体。不同的维度引向一个共同体，它的名字就是"上海人"。社会环境、工作环境、居住环境，对于"上海人"的形成都有着重要的作用。而其中居住环境，尤其是里弄住宅，由于它是人们日常生活的主要场所，对"上海人"的形成和塑造，无疑是十分重要的。

三、上海里弄房屋与上海话

上海人的另一大特点是讲"上海话"。"上海话"无疑是外省人对上海、上海人最大的议论焦点。我国有许多地方语言，各地方讲自己的方言，如广东人说广东话，福建人说闽南话、客家话等，这些似乎都不成问题，也不会受到质疑。只有上海人说上海话会被贴上某种标签，认为是上海人的傲慢，是一种对他人的歧视。其实从历史实际出发来分析上海话的形成和发展，或许比较容易澄清这个问题。

按照语言科学划分，我国有几大语系，上海话是属于江南吴语语系中的小分支，其历史原因和发展背景是与中国近代史、上海城市发展息息相关的。应当指出，清朝末年，上海开埠初期，国人并没有统一语言的说法，各地方人讲各地方言，清朝政府也没有统一语言的想法和做法。全国呈现"十里不同俗，百里不同音"的局面，只要大家能看懂文字，语言问题不是大问题。而在上海，语言却成了一个大问题。上海开埠形成了一个以商业贸易为主的城市，除了少数有文字记载的协议书、合同等，大多数贸易是以口头方式确定交易内容和价格的。如果语言不统一，很容易产生歧义甚至纠纷、诉讼，这就在客观上要求有一种在上海通行的语言来保证商业贸易的正常进行。上海人为此很聪明地发明了两种语言，一种是与外商进行交易的所谓"洋泾浜英语"（本书不涉及这一话题），另一种就是"上海话"。

虽然上海话的起因与时间众说不一，但专家们公认上海话是以浙江宁波地区语言与江苏苏州地区语言为基础，混杂了上海本地原生的语言而形成的一种语言，这种语言是上海这个城市、上海市民们的一种创新。方言一般是长期形成、经久积累、（大）区域通行、慢慢演化的，而上海话却有它自己的规律和特征。

第一个特征是"上海话"是快速（相比其他方言）形成的。开埠以后，四面八方的人群突然聚集一块小小的地方，为了谋生，需要一种彼此接受、有效沟通的语言工具。这种需求关乎生存生活生意，迫切和急切催生人们大量交流，渐渐但快速地、日新月异地形成了"上海话"。

第二个特征是"上海话"传播、使用范围很小，使用人口也很少。

这是上海话最奇特的地方。有人估计，上海话从 1853 年（这只是猜测，没有实证）开始出现到现在只有 170 多年，传播、使用的范围在 1949 年以前大体上只有直径 15 公里的范围，就是 150—200 平方公里范围，使用人数也不多；到 1949 年，上海只有 400 多万人口，而且其中相当一部分还只能说原籍的方言，不能说一口流利的上海话，因而最多只能算 300 万人。就是到今天，"上海话"仍然是"大方言"中的"小语种"。但这种"小语种"却成了大上海的一个标志。从历史年份分析，上海话的起源时间比我国所谓的标准国语（普通话）起源时间还要早，标准国语是辛亥革命后，甚至是五四新文化运动后才在全国普及起来。主要是在 20 世纪 20 年代由著名语言学家赵元任等人，以河北省一些地方语言为基础对中国文字进行正音，开始了标准国语的推广运动。如果大家观看当年的历史记录音像或描述历史题材电影，那些领袖都是南腔北调说着各地方言，可见国语普及程度之低。然而在当年的上海，上海话却比国语普及得更快，流传时间更长，直到现在上海人仍然坚持讲"上海话"，不仅因为"身份认同"，还因为有些微妙之处非"上海话"难以表达。"上海话"是一种对外来语（外语和其他方言）很开放的语言，也是上海"海纳百川"城市精神的一个见证。同时，上海普及标准普通话在全国又是名列前茅的。所以，"上海话"不是狭隘、见外、排斥、歧视的表现，而是体现着博采、包容、融合的胸怀。

第三个特征是上海话融入了大量的外来语和科技语，这是上海开埠以来语言中与全国各地方言最大的不同。上海开埠就是一个商业城市，而且是世界性商业城市，最早反映在上海话中的外来语（或外来事物简单翻译语）是表现在货币、度量衡、时间术语上。清朝货币中，大量使用白银，白银提纯费时费钱，在白银使用中，不仅要讲重量（计量单位为"两"），还要检验成色，形成升水、火耗等问题，十分复杂。而外来货币大多为银元，有固定式样、有标准重量和白银含量，十分方便。上海作为国际贸易口岸，很快就普及了银元，但各国银元又有不同，上海人就将各国银元说成上海话。最早最大量的是西班牙银元，上海话称之为"卡洛斯"或"本洋"，卡洛斯是西班牙国王在银币上印有的头像，称卡洛斯也可理解，称"本洋"就难以理解，可能是指最基本银元，当年西班牙银元最多，而且价格最高。后来又有了墨西哥银元，上面有一只老鹰像，上海人称之为"鹰洋"。还有了法国银元，上面有一个"女神"坐在椅子上，上海人称之为"座洋"。再后来清朝自己也发行银元，上面有一条龙，上海人称之为"龙洋"。辛亥革命后国家又发行了以孙中山头像和袁世凯头像的两种银元，上海人称之为"小头""大头"，并一直流传至今。度量衡也采用翻译加借用方式用上海话来表达，长度为"米"（音译）、"公里"（意译），还有英制的"英尺""英寸"（半意译）等。重量"吨"（音译），"公斤"（意译）、"克"（音译）。还有英制的"磅"（音译）、"盎司"（音译）也在上海话中出现。外国时间概念也在上海话中出现，一周七天上海话为"礼拜"（"周"的概念是外来的，含有宗教色彩），一天分为 24 小时（不是清朝的 12 时辰），每小时又分为"一刻"（四分之一小时，音译）、"半个钟头"等英语说法在上海话中传播。这方面上海话的表达，有的后来成为全国通用。

至于上海行业人数较多的土木工程业，也掺杂了大量的外来词汇，如木工全部采用英制规范，连木料尺寸也是外国尺寸。木料来源分类直接采用外国说法，如美国松木被称为"俄勒冈木材"（指产地），很多高级木材都用外语上海话翻译表示，甚至还有中英文对照表来描述房屋建筑中各个部件的中英文，都渗透到上海话中去了，最著名的"老虎窗"也是外来语的音译。

还有大量外语、外物直接进入上海话语言，比如饮食中的"罗宋汤""沙拉""法国面包""威士忌酒""白兰地酒""啤酒"（都为音译），"咖啡""可口可乐""沙司"等饮料，"惯奶油""泡芙""苹果派"等点心，都直接进入上海话，而家具中"沙发椅"（半音译半意译）、"席梦思床垫"（音译）、"司必灵锁"（弹子锁音译）等充斥于上海话。

其他如西医、西药、化妆品，以及台球、乒乓球、篮球等比赛规则术语都是直接用音译进入上海话。电影、话剧、音乐、舞蹈等更是用外语音译进入上海话。这就形成了上海话语言的丰富多彩，再加上政治、经济术语（我国大多数政治、经济术语是从国外传入上海，翻译后传向全国）更使上海话成为当年全国能包罗万象、表达能力最强的语言。

一般认为"上海话"传播有三种方式。

第一种是工作、商业传播。许多上海话语词、语句是为了工作、商业交流而产生的，因而在工作、商业贸易中大量使用"上海话"，作为各方认同的工作、商业交易性语言，得以广泛传播和使用。当然，在工作、劳动中作为企业的管理者、老板不会让员工有大量的闲聊时间，这种上海话交流只占上海话传播的一小部分。

第二种是在生活中在里弄居住小区内语言的传播。各地人到上海大多居住生活在里弄中，由于历史和经济原因，上海里弄人口密集，居住条件拥挤，人与人间距、家庭与家庭之间关系相对密切，都需要有交流和相互学习，这种上海话交流强度很大。尤其是夏天晚上吃过晚饭，由于家中住房面积小，又无降温措施（很少有电扇），只能在里弄内乘凉聊天，这种高强度传播上海话，占了上海话传播的最大分量，比在专门教上海话的学校更容易学好上海话。同样的上海话，在不同语言背景、生活场景和各色人物心态、意思表示上，有难以言说的微妙，而其内涵又十分丰富多彩，所以上海人有时更喜欢用上海话来表达对特定人事的真实意思。这或许也是上海话难以学习领会的一个重要原因。因此有人说，一般一个外地人要在二三年内学会流利的上海话，而且弄清语言中的各种含义是十分困难的。

第三种传播是学校对儿童教育的传播。上海人对教育十分注重，不论是第一代新上海人还是第二代新上海人，都把子女送到学校去接受教育，因而100多年来上海子女的教育程度在全国是领先的，而那时一般家庭子女大多在里弄内上学校（上海人称之为"弄堂小学"），在这些学校内，不论是老师还是同学大多都学会了一口流利的上海话，尤其是一大批以上海话为基础的儿歌更加剧了上海话的传播，最有意思的儿歌："乡下人到上海，上海闲话讲不来，米西米西炒咸菜。"这种儿歌朗朗上口，却反映一个事实，讲上海话，传播上海话的重要性。在上海开埠的100多年里，曾经上海地方通用语言排序，第一位是上海话，第二位是外语（以英语为主），第三位是普通话（当年称国语），第四位是各地方言。显然能学好上海话，在上海就可以取得较好的工作和生活环境，这才助长了上海话的传播和普及，上海话传播的主要方式都与里弄房屋有直接的关系。这种语言多样化的环境，造就了上海人的语言天赋。

综上所述，上海话其实是一种以宁波话、苏州话、上海地区土语混搭商业、贸易用语，再加上外来音译、翻译用语而形成新式语词，最后加进大量的地方俚语。这种语言生活气息浓厚，内容多样丰富，发声也有不同，所以学习上海话，掌握生活语言不是一件容易的事，直到今天被外地人诟病听不懂上海话，学不会上海话，原因就是上海话难以被全面了解和运用。

当然，上海人也有豁达之处。上海从清末民初就是全国出版界重地，出版书籍、杂志报纸占全国一半以上，但几乎没有以上海话为基础的出版物，而是以全国标准语言文字（尤其是白话文）来出版，这对全国文化进步是有重大贡献的。

四、里弄居住形式对上海人的改造

一般上海人不论新老，大多数居住在里弄内，这种里弄居住对上海人的性格、风俗产生了很大的影响，几乎可以说是里弄生活改造了新老上海人，形成了上海人特有的气质和生活态度。

卫生习惯。最初外国商人（如最早开发商史密斯等）在上海建造里弄房屋出租给华人居住，同时，也带来了对华人里弄居住的卫生习惯要求。为了提高里弄居住环境水平，外国开发商在里弄内铺设下水道，引流污水，还规定了一系列卫生要求，例如不许随地大小便、吐痰，每天有专人定时收集大小便运出里弄（最初没有卫生设备，只有每家每户的大小便用的马桶），并清扫里弄，向里弄内居住的居民收取费用。据资料显示，最初是每户家庭每月一角钱，后来形成了专业的粪便运输公司和垃圾运输公司。这种打扫里弄卫生、清运粪便、清扫垃圾对华人而言是一种全新的体验，这与原先城镇垃圾随意堆放、污水横流的景象形成鲜明对照。加之道路也进行清扫和垃圾清运，这种城市卫生行为不仅影响了一个城市的整洁和卫生，同时也影响了居住在里弄内的华人，里弄卫生习惯也逐渐影响了家庭和个人，每天粪便被清运后，每家每户清洗马桶（这是当年最具有上海特色的每天早晨里弄内第一个集体镜头），从洗脸、洗手到刷牙、整洁衣服，使上海人养成了卫生习惯，这是一个巨大的变化。从此上海人从三个层面养成卫生习惯，一是每天每人自己搞好个人卫生和家庭卫生；二是每个里弄搞好环境卫生，即使在旧式里弄住宅相对简陋，但每家每户都干干净净；三是整个城市搞好城市卫生，一直延续下来，使上海人成为全国排名领先的卫生干净城市，而现在里弄内保洁成为里弄小区的基本要求，这也算是上海人标志之一。

安保习惯。在上海租界里弄住宅住房出现初期，正是我国江南地区太平天国运动之际，大家都十分关心社会治安，人身安全、财产安全是最大诉求。最初外国开发商建设里弄住宅，一般只建一个主弄通向马路，弄内建支弄通到每幢住宅，同时在主弄口设立大门，起初是木门，后改为铁栅栏门，并配有看门人。这些看门人管理里弄，不让社会上的地痞流氓、无业流民进入里弄，同时看门人还代表外商业主，管理着租户的入住和迁出，以及对里弄内治安管理，不允许住户互相斗殴等，保持里弄安全。有的外商还专门雇用外国人（主要是印度人、白俄人）来看管里弄，更具有威慑力。

这种里弄安全的管理模式，一方面是鉴于小刀会起义、太平天国运动所带来的社会动荡，百姓居住不安全而产生的应对之策；另一方面，这种里弄安全管理，也从一定程度上减轻了租界当局对社会治安管理的压力，将里弄治安管理的压力和费用支出都转嫁到开发商和租住人身上，使整个社会有了二重治安管理（即一重是租界巡捕管理，一重是里弄自行管理），使上海租界治安管理走上一条新的道路。直到今天，里弄小区的保洁、保安仍是里弄小区管理的不可或缺的标配。

衣着习惯。在里弄居住，对新来上海的外地人的衣着也有着十分重要的影响。以前，国人除了富豪、官吏、知识分子等对衣着有些要求，其他人的衣着随意，既不合身，有时还因经济原因破旧肮脏，又不注重外表。而上海是一个高度商业化的城市，一个人有无商业价值，能不能取得信任和互做生意，有时也体现在衣着服饰上，所谓"佛靠金装人靠衣装"，就是这种观念的描述。上海人出门不论是上班工作还是休息闲逛，都逐步向良好的时装打扮模仿靠拢。这种模仿最初在里弄内实现，互相交流衣着颜色、色样，互相仿造衣服式样，逐步形成了服装干净整洁、式样新颖、经济实惠的上海人衣着习惯。为了取得良好的社会观感，一部分人出大价钱添置优良服装，以取得社会"见衣行事""衣帽取人"的效果。所以当年上海人就有俗话"不怕家里天火烧（指家中无值钱的东西，房子也是租的），只怕路上摔一跤（全部家当都穿戴在身上）"之说。每天回到陋室，都要小心翼翼地把衣服折叠好或挂好，以便第二天再穿。由于上海人大多住在里弄内，一旦有便宜、时尚衣服出现，周边百十户人家都会竞相效仿。至 20 世纪 20—30 年代，上海人衣着习惯逐步形成了三个档次：第一档次是西服，不论是外籍人士还是国内买办，甚至跑街推销，大都穿西服，表明自己是商务人士，一批有条件的知识分子也流行穿西服。第二档次是居住在中式里弄石库门内，形成两种服装，一种是以知识分子为主的穿着，仍以长衫为主，一种是职业打工者（劳动者）是以短衫、长裤为主，这种短衫长裤也都是经过改良的，以西式短衫长裤为模仿型的。第三档次是以居住在棚户区内的苦力为主，则仍以旧式衣服为主。而大多数上海人的衣着打扮都朝着干净、整洁、经济、时尚的衣着风格发展，一直沿袭到今天。全国都说上海人会穿衣服、敢穿衣服，这种对衣着的感觉和流行，都是与这个城市马路大街上、里弄内大家平时交流、传播、模仿分不开的，这也是上海人的一个特征。

不断学习的习惯。自 1843 年开埠以来，上海人都以主动学习、不断学习的精神领先全国。上海人早期为了与外籍人士做生意，为了提高自己的经济收入，一大批新老上海人都积极学习外语，当年上海就有几十家外语培训班，而很多外语培训班都开在早期旧式里弄内。上海人利用业余时间学习外语，希望提高自己的外语水平，取得更高的收入，那时上海人知道懂外语、懂经济，工资就可提高一大截。哪怕是做小生意的也会说一种带有上海地方特色的外语——"洋泾浜英语"。这是一种无语法、无规范的口头英语，还是用中文注音的速成外语，学习这种外语主要是能与外商打交道，以便多做生意，也有一些有志青年通过这种外语学习培训班走向红色革命之路。由于受外国影响，上海也催生了许多学校，有专业学校（医学、会计等）、大学，这些学校收费很高，但仍有不少学生进入学校学习，也办了一大批中小学，这些学校参差不齐，有贵族学校，也有平民学校，甚至许多中小学开在石库门旧式里弄内，租借一两幢石库门房屋开办小学，招收 30—50 个学生传播文化知识，这种学校在上海成为市民子女的不二选择，使第二代上海市民有了一些文化的底子。而第一代打工者看到文化技术知识可以提高自己收入，使得业余学习、识字班等在上海地区蓬勃发展。到 20 世纪二三十年代，中国新文化运动狂飙突进，大量出版社、报社、杂志社在上海应运而生，全国中文出版物、书报杂志几乎一半以上出自上海。除了大的出版机构、印刷厂有专门的办公机构、厂房，一般中小出版机构、印刷厂都跻身于石库门里弄，形成了众多的中小出版社。就连中国共产党早期的宣传理论刊物都出自石库门里弄内的印刷厂。而那些革命者都在石库门里弄留下身影，如毛泽东、刘少奇、陈独秀都在石库门里弄内居住过，中国共产党的许多机构、组织也在里弄内栖身。许多文化名人如鲁迅、茅盾、巴金也都在石库门里弄内安家落户，用笔描写着中国的前景。如大文豪鲁迅，就一直住在旧式、新式里弄之内，他自嘲是"租界亭子间作家"，把自己出版的书名定为"且介亭"，意为"租界亭子间"的半字组合。而其他先进知识分子因经济原因也大都住在里弄之内，很多还是住亭子间。正是这样一大批居住在亭子间的文化人、革命者用笔用文章写明了中国的前途。里弄里的小型印刷厂则开动机器，把这些文字印刷出版，传播到市民之中，市民争相阅读并在里弄内、工厂内传阅。因而当年上海人，不论是工人、职员乃至里弄内的一般平民，其阅读水平，接受新思潮、新潮流的学习习惯，也是在全国排名前列，这也是上海人的一大特点。

　　遵守规则习惯。上海是一个中外移民的城市，各色人等都在上海生活、工作、做生意，就要求有一个大家都共同遵守的规则和风俗。上海租界当局为此颁布了几十个规则制度，以指导社会活动。各地华人一进入上海租界，就受到这些规则的约束、管理。首先是公共管理规则，如走路要走人行道，要遵守红绿灯规则等。再则，进入里弄租房居住也有很多规则，先要与房东（或二房东）采用书面租赁合同（大房东整租一幢房，一般是书面租赁合同）或口头租赁约定（一般二房东都是口头约定租房），里面约定租金、交付日期、房屋维修保养等，这是一种明规则。还有一些暗规则或者说是默契，由于大多数家庭经济能力有限，只能几户家庭合租一幢房屋，因而在公用部位使用上，尤其是自来水使用、晒台使用、厨房使用都有一些大家公认的规则。这些规则虽然不一定成文，但大家都有默契遵守，把冲突、矛盾化解在平时。哪怕是居住在有卫生设备的新式里弄内，虽然住户都是中产阶级，但也很少一家住一幢新式里弄房屋，而是几家合租，这种房屋一般一幢房屋只有一套大卫生，平时几户人家上厕所、洗浴，也会有一些自定的规则等。这些里弄内的住房规则，加上社会上行为规则，都使上海人形成遵守纪律、遵守规则的习惯，进而成为上海人又一个明显特征，并一直延续到现在。

五、上海各种不同里弄住宅也体现社会分层

1860 年后，各地华人大量移民上海租界入职工作，学习新知识、学习新技术，或用以养家糊口，或逐步发达赚钱，渐渐形成不同的社会阶层，并在居所上得到体现：

第一阶层，一般有固定工作，每月有固定收入，但收入不多的华人，主要居住在旧式里弄之内，这类家庭最多，据专家估计，大体要占上海全部家庭的 50% 以上。

第二阶层，因家庭收入较高，属中高收入家庭，有能力租住在新式里弄内，专家估计，此类家庭可占上海华人家庭总数的 10% 左右。

第三阶层，主要是大公司高级职员、外企买办等，因家庭收入很高，可以租住大楼公寓、花园里弄内，专家估计，此类家庭只占上海华人家庭总数的 2% 左右。

第四阶层，华人大企业家，租住或购买在花园洋房里弄或独立花园住宅内，这种家庭不到华人家庭总数的 0.3%。

在华界，还有许多贫困的劳力家庭，因无固定职业和固定收入，一般不能居住在租界里弄之内，而是蜗居在华界棚户区内，专家估计，此类家庭要占上海全部家庭总数的 10% 以上，当然那是另外一种情景了。

清末民初，各地国人大量进入上海，大多居住在里弄住宅内，受到上海当地中外文化熏陶和里弄周边居民的影响，逐步了解上海，认识上海，融入上海，成为新上海人。有人估计这种融入上海需要 5 年以上时间，巧合的是，20 世纪 20 年代上海公共租界就颁布了对公共租界选举和被选举公共租界领导人的资格的门槛，除了文化、财产要求，还要求

在上海居住满 5 年以上才有资格。可见在当年要融入上海社会，成为被认可的上海人和领导者，也不是一件容易的事情。社会里弄住房的人群分布，也从一个侧面反映了 100 多年来上海社会分层的状况与演化。

概言之，里弄住宅，是开埠的上海得以发展的"基础"，是四方移民融合的"熔炉"，是形成"上海人""上海话"的"孵化器"。

100 多年过去了，上海里弄住宅，因时而起，因时而兴，因时而渐渐消退。这些建筑，见证着一个时代，孕育着一段历史，养育着一代一代风云人物和芸芸众生，塑造了这座城市的精神和气质，并将永远是一个传奇。

附 录 二

国外带有石库门装饰建筑一瞥

余松杰　摄影

上海开埠 100 多年间（1843—1949 年），民居中石库门里弄房屋最为著名，而石库门大门是最具代表性的经典元素。

作为一个旅游爱好者，笔者多年来游历欧洲各国，甚至到过南极，同时又是一个建筑摄影爱好者，拍摄了国内外大量的建筑物照片。在家中闲来无事整理所拍摄的上千张欧洲建筑照片，偶然发现其中有许多带有类似上海石库门装饰的欧洲建筑，心中不免一惊。好在拍摄照片时，也留下了一些关于这些建筑的介绍，让照片有一个明确的记忆。这些照片当时并不刻意拍摄石库门装饰，因而在角度，光线、构图等方面多有一些缺陷。现在有越来越多的人以自由行方式深入世界各地（尤其是欧洲各地），想必会有更多的类似带有石库门装饰的民居照片出现，这可能也是一点期待。

一、远古时期的石门框

石头建房（此处房屋是泛指，不论是住宅还是公共建筑，均称为房屋）自古以来就有，一是石头到处都有，可以就地取材；二是不像木质建筑，因受到木材腐朽变形倒塌，很难长久保留，因而几百年、上千年的古代遗迹大多为石材建筑，最典型是不少古罗马 2000 多年前的建筑历经风雨、地震等严酷的自然侵袭依然保留至今，供人们参观。

图 1 是古代石材建筑的遗迹，只有三根石材搭起了一个孤零零的门框，这可能算是石库门（石材门框）的最早雏形。也算是在欧洲找到的一

图 1　希腊石门　　　　　　　　图 2　棉阳里石库门

种石头门框的起源。图 2 是上海早期石库门里弄棉阳里的大门，有些相似。

　　庞贝古城是耳熟能详的地名，位于意大利南部，是仅次于古罗马城的第二大城市。古城始建于公元前 8 世纪，而 1277 米高的维苏威火山位于其城北。公元 62 年 2 月 8 日，一次强烈的地震袭击了这一地区，造成了许多建筑物的毁塌，今天在庞贝城看到的许多毁坏的建筑实际都是那次地震造成的。

　　图 3 是庞贝古城的石条门，摄于古城的十字大街。照片清晰地看到

图 3　庞贝古城的石条门

石条的加工，石库门的建筑情况。这种石库门与今天看见的石库门已有一些相似之处。确切的建筑年代虽无法考证，但早于公元79年以前则是肯定的。

二、中世纪以后的"石库门"

远古时期的石库门只是神似，中世纪的石库门更朝着实用性、艺术性发展，也更接近今天在上海看到的石库门。意大利陶尔米纳在中世纪时就很有名，1669年的火山喷发使陶尔米纳及附近的多个城市毁坏，现在老城内的科索安不托（又译恩贝托）大街是在火山喷发后重建的。

图4科索安不托大街上的166号大门就是一个典型的石库门大门，用加工后的条石作门框，上门头、下垫头、上槛、下坎等与上海保留的优秀石库门房屋的大门（图5）很相似。

图4　科索安不托大街166号建筑大门　　图5　绞圈房大门

同时还有一些装饰比较复杂的石库门。图6科索安不托石库门上弧形和门楣上的三角形装饰，以及其他雕花装饰使石库门带有艺术性。请注意，该石库门中的木材做的二扇门，与图7上海石库门中的二扇黑漆大门也基本相同。

图 6　科索安不托带三角形装饰的建筑大门　　图 7　东长安里石库门门头

　　图 8 在科索安不托石库门的条石框外，加装了装饰性的石柱，门楣上安装了长方形的装饰，上面还有一个半圆形的装饰，装饰艺术性更强。而图 9 是上海张园的石库门。

图 8　科索安不托带长方形装饰的建筑大门　　　　图 9　张园

　　意大利阿格里真托老城建于公元前 581 年，于公元前 5 世纪达到极盛。图 10 拍摄的是圣玛丽亚教堂的边门，该教堂是中世纪代表建筑，建在公元前 5 世纪希腊寺庙旧址之上，建筑年代难以考证。从图中可以看出，虽然此门为教堂边门，但仍非常华贵，两边石框是有 4 条线条，大

图 10　圣玛丽亚教堂边门

图 11　恒丰里石库门门头

门上帽头有装饰性雕刻，门框上还有一个弧形装饰。这种石库门的华贵装饰，也可以在上海比较优秀的石库门建筑中找到相近的造型。图 11 是上海虹口区恒丰里的石库门门上的装饰。

　　意大利锡拉库萨最早是公元前 734 年由希腊城邦科林斯移民所建。1693 年古城也在大地震中被摧毁，现在的古城是在地震之后约 1728 年重建和修复的。

　　图 12 是奥尔迪加岛上的奥提伽老城区一个带装饰性的石库门，在石

图 12　奥提伽老城区的建筑大门

图 13　上海天津路 426 弄房屋大门

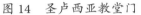

图 14　圣卢西亚教堂门　　　　图 15　118 街坊石库门头雕花

条门框上方安装了一个长方形的雕花装饰，门虽然用砖石封闭了，但石库门形象仍是显而易见的。图 13 上海天津路 426 弄的石库门与之十分相近。

图 14 圣卢西亚教堂门。这个装饰性大门比较复杂，除了两边门框的石材比较单薄外，门楣十分宽厚，上面有长方形雕刻装饰，此为教堂的大门，因而其上面还装饰有人头形雕刻。上海原卢湾区 118 街坊也有类似的门上有多层装饰的石库门，可以对照观察（图 15）。

马耳他姆迪纳古城堡建于罗马人统治时期，拥有 4000 年历史，

图 16　马耳他姆迪纳古城堡内饰有长方形门楣的大门

1693 年的地震，使穆迪纳城堡内许多宝贵的古建筑被损坏或摧毁，很多建筑是地震之后重新修建的。古堡内有很多类似石库门的大门。

第一种：相对比较简单，就是在石框上加长方形门楣。图 16 是马耳他姆迪纳古城堡内的住宅大门。与图 17 上海静安区四明邨的石库门大门还有图 18 上海静安区福康里的石库门大门都有相似之处。

第二种：在门楣上加一个弧形，中间是断开的。图 19 城堡内的住宅大门，图 20 是上海虹口区山阴路 68 弄也有类似断开的造型。

图 17　四明邨房屋大门

图 18　福康里房屋大门

图 19　马耳他姆迪纳古城堡内饰有
类似三角形门楣的大门

图 20　山阴路 68 弄石库门

图 21　马耳他姆迪纳古城堡内教堂门　　　图 22　西成里石库门

第三种：在石库门外包装饰柱、门楣等。图 21 是城堡内的教堂门，图 22 是黄浦区西成里石库门大门。

第四种：更为复杂，在门楣上有大量的雕刻装饰物。

图 23 是城堡内的教堂门。

图 24 是成都南路 99 弄石库门，图 25 是十六铺老码头石库门门头，与城堡内的教堂门也能看到相似之处。

图 23　马耳他姆迪纳古城堡内饰有大量雕刻的教堂门

图 24　成都南路 99 弄石库门　　图 25　十六铺老码头石库门

三、近代欧洲带有石库门装饰的建筑

近代最有名的带有石库门装饰的建筑当属英国剑桥大学的菲兹威廉博物馆的大门。博物馆位于剑桥市中心的圣约翰街和川平顿街处，是一座典型的新古典主义风格的建筑。1581 年意大利的美第奇家族捐出办公厅所，成为后来的菲兹威廉博物馆。1848 年，由乔治·巴塞维设计、

图 26　菲茨威廉博物馆外观

图27　菲茨威廉博物馆内门（夏艳摄）　　图28　四达里石库门

C. R. 科克雷尔完成建造向公众开放。菲茨威廉博物馆的设计师在英国享有盛名，而且据传是英国（可能是世界上）第一座向公众开放的博物馆，因而受到广泛的关注和赞叹。

　　图27为博物馆内门。这个带有石库门装饰大门与上海高档石库门非常相似，图28为虹口区四达里石库门。

　　东欧一些国家也有许多著名建筑是带有石库门装饰的大门。

　　图29波兰华沙的格雷斯圣殿教堂的"天使之门"，就是采用石库门

图29　格雷斯圣殿教堂"天使之门"　　图30　侯家路30号石库门

图 31　华沙圣方济各教堂

图 32　和顺街石库门

的形式，在石库门上有二层装饰，第一层是长方形，第二层是圆弧形。图 30 上海原南市区侯家路 30 号石库门也采用了这种形式。

图 31 华沙圣方济各教堂的石库门上有一个三角形装饰，三角形内有花纹雕刻。图 32 上海原南市区和顺街上带三角形内有花纹的石库门似乎比圣方济各教堂大门更复杂。

华沙著名地标"肖邦纪念馆"大门也是石库门形式（图 33），门楣上有雕塑，二扇红色大门上有雕刻，值得注意该建筑物外墙是采用机制红砖清水墙，而砌法有些是"丁走式"（又称"丁顺式"），即一层丁砖一层走砖；有些又是非"丁走式"，部分墙面连续砌二层丁砖，这种不规则的砌筑方法，在上海好像没有发现过。

这种机制红砖清水墙与石库门建筑形式是上海石库门里弄房屋的熟悉标准，可惜因闭馆无法知晓该建筑物的修建年份。

图 33　肖邦纪念馆大门

四、"石库门"大门猜想

选择了一批带有石库门大门的欧洲建筑照片，对照上海石库门大门照片，产生了一些猜想：石库门大门这个建筑元素，是否应该是中西方元素的结合？

图34　立陶宛首都的维尔纽斯大教堂入口大门

图35　维尔纽斯大教堂侧门

世人公认，上海带有"石库门"大门的里弄房屋最早建于19世纪六七十年代，从上海1843年开埠到石库门房屋的出现只有20多年，在这20多年里中国是处于内忧外患时期，在当时的上海，一是小刀会起义、太平天国运动，使得上海及周边成为战场，外侨只能龟缩在租界里；二是虽然当年中外人们已有接触交往，但华人的恐洋排外心理甚重，时时有华洋摩擦事件发生，使外侨在中国活动受限。石库门大门在中国也是小众建筑形式，只存在于江南（如浙江、安徽南部）一带，因为当地石多树少，采用石头作门框建房，既坚固又美观。要设计出带有江南元素的"石库门"大门，外侨设计师必须深入江南腹地采风和测量，以便模仿借鉴，还需要有设计师、工程师的

图36　维尔纽斯大学内的教堂大门

图 37　斯洛文尼亚卢布尔　　　　图 38　克罗地亚扎达尔圣
雅娜教堂大门　　　　　　　　阿纳斯塔西亚教堂大门

专业知识和模仿借鉴能力，这两种前提在当时是否存在？

　　根据当年租界统计，1865 年上海公共租界（是最早产生石库门大门的地方），共有外侨 2297 人，其中有土木工程师 44 人；同年在上海公共租界内居住的华人有 90587 人，没有工程师、设计师，统计中只有"木匠、建筑工、承包商"375 人（见忻平《从上海发现历史—现代化进程中的上海人及其社会生活》上海人民出版社 1996 年版，第 82、83 页）。

　　19 世纪六七十年代，上海公共租界管理当局——工部局已全面推行建筑物报批制度，并且规定用英文、英制尺寸报批建筑图纸，这种制度实际上将上海民间设计师排除在当时的建筑设计外，而外国设计师在短短十多年时间内将中国江南元素的石库门大门融入房屋的设计中去，显然是有较大难度的。而且这些外国设计师一到上海，迫于生计，马上就要投入建筑设计中，从快速见效出发，最方便最有效的方法是复制欧洲当时常见实用的设计方案和外装饰。当年上海的房屋建筑，"廊柱式"（又称殖民地式）是模仿印度殖民式；"花园洋房"是模仿欧洲式，上海人至今还称之为"洋房"等，都是模仿、复制欧洲式样，而独独石库门里弄房屋的大门是模仿中国江南式样，这似乎是一个难以说通的故事。从上面的照片和对比中，石库门大门也可能是外国元素或模仿外国元素。

图 39　斯文里石库门大门设计图

图 40　斯文里房屋大门

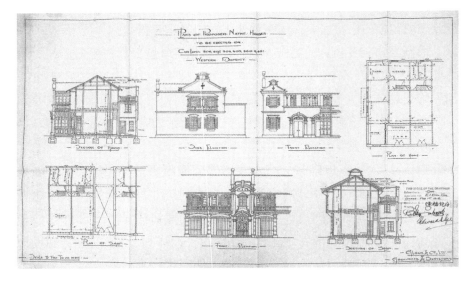

图 41　斯文里原始设计图

　　图 39 是上海著名的石库门里弄房屋——斯文里石库门大门的原始设计图纸，图 40 是斯文里石库门大门实样。图 41 是斯文里的原始设计图。

　　斯文里位于当年上海新闸路大通路（现大田路），大通路以东是东斯文里。整齐排列着 390 幢石库门里弄房屋，大多数是单开间，只有少量

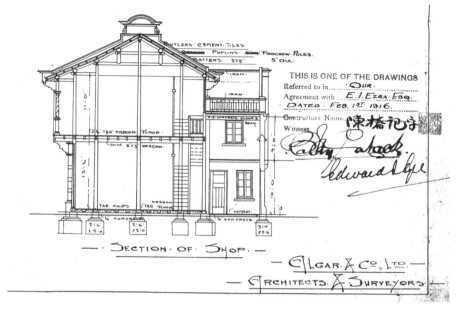

图 42　斯文里设计图局部

是二开间。大通路以西是西斯文里，也整齐排列着 249 幢石库门里弄房屋，多数也是单开间，二开间只是少量。

　　图 42 设计图上的签名可以肯定是一个外国设计师的花式签名，推测是爱尔德洋行老板，这种带有设计师签名的石库门房屋和大门的设计图纸目前极少看到（另一个著名的石库门里弄有原始图纸签名的为步高里，设计师是 J. J. Chollot）。专家公认斯文里是上海居民住宅建筑群或俗称石库门里弄建筑的一个重要标志性建筑，在许多建筑书籍中都有记录。

　　对照图 39、图 40，东斯文里石库门大门在两边门框上有石柱帽头，门框外用水泥做了门套，上方有带西式山花的弧形门楣，这与在欧洲拍摄的照片有许多相似之处。斯文里石库门大门是外国设计师根据其已有的知识采用欧洲常见的大门元素来设计的，而且上海专家们认定东、西斯文里这种带有装饰艺术的石库门，很快在上海流行开来。

　　上海在开埠十多年后（19 世纪 60 年代）开始出现的石库门式样，当时建房已要报批，其应均出自外国设计师之手，外国设计师设计房屋外观时带有外国已有的风格，也无可厚非。但上海最早一批出现的石库门房屋现已基本上见不到了，也没有找到设计图之类的资料，是否如一般著作所说上海石库门里弄房屋的石库门最早是模仿江南石库门装饰，到了后期才受到了西方建筑风格的影响。笔者不是中外建筑史专家，也无法辨识其中原因，只是从照片上互相比较，提出一些猜想，希冀能引起有关人员共同探讨、认真研究。

后　记

　　六年前写了《上海石库门里弄房屋简史》，朋友、读者阅后都认为不过瘾，不少人提出，上海不仅有石库门里弄，还有许多其他类型的里弄房屋，可以进行系统地梳理和介绍。这确是一个难题，上海人居住房屋与全国不太一样，在百年（1843—1949 年）里，四分之三的家庭都居住在里弄里，有人统计过上海共建有 9000 多条里弄住宅，而石库门里弄房屋只是其中一部分，还有许多千姿百态的里弄住房，本着这种心情，写了这本书，以作为对上海里弄住宅的又一次探索。

　　作者并非建筑专业人士，只是几十年在房屋管理建设系统中工作，收集了部分资料加以归纳总结。有幸的是最近 20 多年，有许多专家、学者及文化人士对上海各类住宅进行了大量的研究和分析，使我们能在这些前人的研究基础上做出一些新的归纳和解释。考虑到本书的定位和读者的阅读方便，我们对资料的来源、出处没有做详细具体的注释，当然读者可以从书后的参考文献目录中找到有关内容。

　　本书受到上海市城市经济学会的大力支持，提供了许多资料和内容，对此表示感谢。

　　本书得到俞远明、乐渭琦、朱惜珍、周慧琳等老师提供的材料和建议，在此表示衷心感谢。

　　本书也得到罗伟杰、朱志荣、曹福麟、徐家豪、朱晓初、唐杰、王鸿均、胡剑虹、王露、石方城、沈爱峰等朋友的支持，在此一并表示感谢。

　　本书一定存在诸多不足之处，衷心希望读者能对本书提出意见和建议，以便疑义相与析，共同探讨、共同进步。

2024 年 6 月

图书在版编目(CIP)数据

上海里弄住宅百年演进 / 田汉雄，余松杰，何品伟
编著. -- 上海 ：学林出版社，2024. -- ISBN 978-7
-5486-2037-2

Ⅰ. TU241.5

中国国家版本馆 CIP 数据核字第 2024D6R502 号

责任编辑 许苏宜
封面设计 汪　昊
封面摄影 王　巧

上海里弄住宅百年演进

田汉雄　余松杰　何品伟 编著

出　　版 学林出版社
　　　　　（201101　上海市闵行区号景路 159 弄 C 座）
发　　行 上海人民出版社发行中心
　　　　　（201101　上海市闵行区号景路 159 弄 C 座）
印　　刷 上海商务联西印刷有限公司
开　　本 720×1000　1/16
印　　张 16.5
字　　数 22 万
版　　次 2025 年 1 月第 1 版
印　　次 2025 年 1 月第 1 次印刷
ISBN 978 - 7 - 5486 - 2037 - 2/K · 249
定　　价 68.00 元